TOP

出制胜奇

Overwhelming Surprising and

COMMERCIAL SPACES

最新国际商业空间

欧朋文化　唐艺设计资讯集团有限公司　策划

黄滢　马勇　编著

湖南美术出版社

出奇制胜
最新国际商业空间

目录

百货商城

服饰箱包

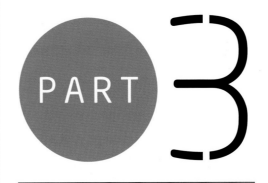

PART 3

家居卖场

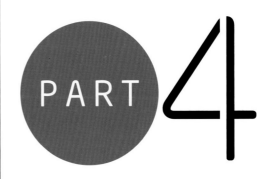

PART 4

其它

出奇制胜
最新国际商业空间
百货商城

迪拜穆迪夫中心购物新城
巴林城市中心
石家庄裕华万达广场

PART 1

百货商城

迪拜穆迪夫中心购物新城

设计公司：RTKL国际有限公司

面积：223,000m²

本案位于迪拜穆迪夫新城，介于迪拜国际机场与穆迪夫大型住宅区之间，商场主要用做大型零售中心，包括15 000平方米的超市区。本零售中心，分区两层，长方形平面布局，各交叉区互有节点。借助玄关，各节点直通停车场。场内主动线把整个区域一分为二。四主区分设车位，其中两个停车区直接通往阿联酋高速公路交流道。

公共区设计如同城区，其间各房间相互关联从穆迪夫前门延于中心区。

所有房间三倍高度，沿轴线而立，以屋顶景色各自展现自有魅力。中心广场彰显夺目，非常适合各促销活动的举行。

停车场立面，设以屏围。有的屏围自然开口，可以让夜晚华光自然通过。另有立面的屏围绿植点缀，落满自然的新意与风景。大型的住宅区域，娱乐的中心，购物的天堂，律动的景观，遮阳的设备，别致的水景，熠熠的灯光，原本并不矛盾。

巴林城市中心

设计公司：RTKL国际有限公司

摄影：比尔·莱昂斯

面积：1,614,585m²

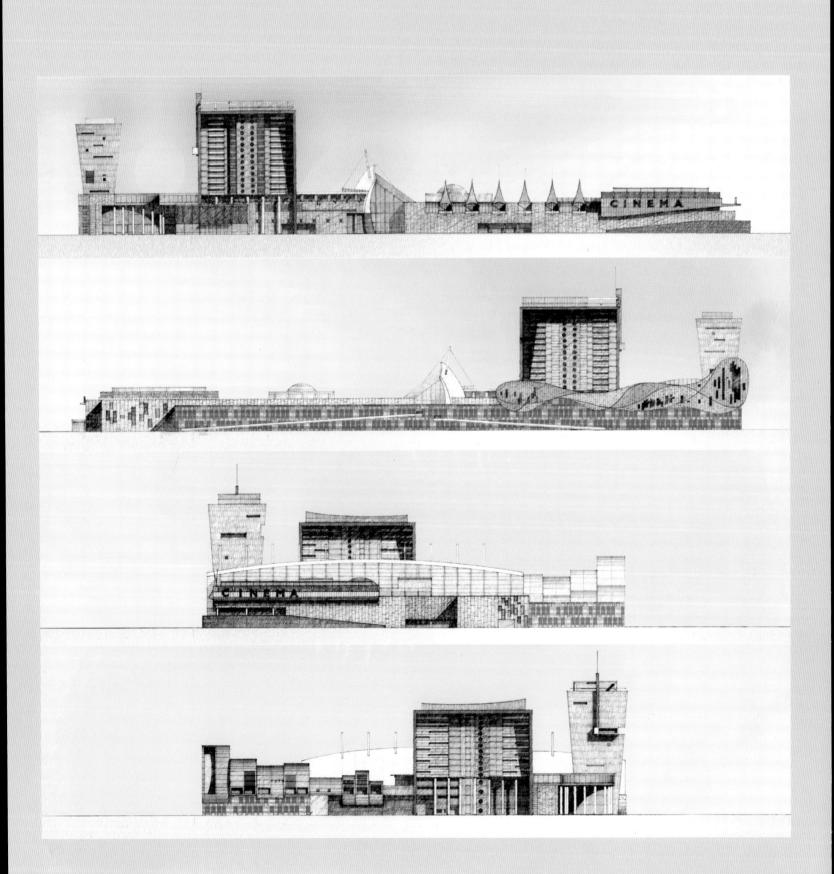

麦纳麦，巴林首都，中东兴盛，繁华似锦。"巴林岛城市中心"的横空出世，可谓是繁华之地上的一块绿洲。

波浪状的架构，是空间的律动，更是支撑内外的骨干。多层次的空间中，中央广场不仅是动线的汇聚，更是色度、灯光、各种造型的交集，串起你我，连接其他。

清凛凛的水，郁郁的景，柔柔的光影，是本案设计诗意般的语言，与中东炎热的室外形成鲜明的对比。

四星、五星级的酒店配备齐全，如SPA、屋顶泳池等等。逛完中央广场，脚步前移，即有"水世界"、"多屏幕电影院"和餐馆盛情以待。"水世界"附有美食城、家庭娱乐空间等场所，一年四季，室内、室外都可尽情享受水之情怀。泳池、餐馆、各功能房间的同时出现，不仅满足家庭需要，更适合更种社会活动的进行。

石家庄裕华万达商场

设计公司：J2设计

设计师：冯厚华、谢贯荣

面积：25,000m²

本案采用视觉丰富的构成元素，将石家庄万达广场塑造成一个晶莹剔透、天马行空的水晶宫，为消费者营造了一个现代时尚、气宇轩昂的商业空间。

广场的中庭运用圆弧形的设计、新颖的艺术图案玻璃和金属材料，给人以恢弘大气的空间感；透明的天幕让室内光照充沛，观光梯在阳光下闪闪发亮，流线型的图案充满了跳跃的妩媚；成群结队的热带鱼悠闲自在地遨游，灵敏的海豚欢快地跳着轻盈的舞蹈，海马在一旁怡然自得地唱着歌，让人仿佛置身于精彩纷呈的海洋世界中；圆弧形和长虹形LED管灯，在天花上灵动地滑翔，延伸出优美的轨迹；与管灯相映生辉的点点

筒灯，映照在光洁的地板上，恍惚间如入"繁星渐欲迷人眼"之境。

在广场的共享中庭空间中，"天梯"、"透明光棚"的设计是重中之重。"天梯"的设计过程中，室内设计公司与电梯设计公司反复研究，以追求完美的结构、材质和灯光效果，在白色晶亮的大厅中犹如一个巨大的蓝色立方体，在透明光棚的映照下折射出变幻无穷的光影效果；而覆盖在整个中庭上端的"透明光棚"力求无论从正面、侧面还是顶层看都产生水晶盒的效果——通透，完全打开的透明光棚在白天为广场带来充沛的光照，让中庭犹如一个闪亮的白水晶，到了夜晚则变身成为由内部发出光亮的夜明珠，照亮了城市的夜空。

出奇制胜
最新国际商业空间
服饰箱包

PART 2

服饰箱包

瑞典摩卡时尚女装店之一

设计公司：伊来翠科·梦公司

摩卡时尚，瑞典品牌。全新的室内设计理念，梦幻般的海贝映像，几多危险，几多幽暗，几多诱人，几多美丽。深深的黑暗洞穴，似乎潮湿的内里，埋藏的是瑰宝，暗含的是激流，却阻不断探宝者的好奇。

静静的旋转木马，早已消失在历史里，故纸堆的纵帆船的绳索，有几分熟悉。漂浮的水母，闪闪发光。晶莹的气泡，汩汩作响。水波的镜面，扎着根的是水草的新意。斑斓的睡莲，簇生在长满青苔的海底。远古的生命，正从其间悠闲地绕来绕去。

瑞典摩卡时尚女装店之二

设计公司：伊来翠科·梦公司

摩卡时尚，瑞典品牌。全新的室内设计理念，梦幻般的海贝映像，几多危险，几多幽暗，几多诱人，几多美丽。深深的黑暗洞穴，似乎潮湿的内里，埋藏的是瑰宝，暗含的是激流，却阻不断探宝者的好奇。

静静的旋转木马，早已消失在历史里，故纸堆的纵帆船的绳索，有几分熟悉。漂浮的水母，闪闪发光。晶莹的气泡，汩汩作响。水波的镜面，扎着根的是水草的新意。斑斓的睡莲，簇生在长满青苔的海底。远古的生命，正从其间悠闲地绕来绕去。

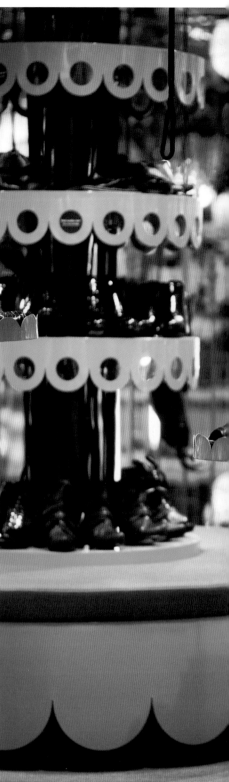

鹿特丹Camper休闲鞋店

设计师：阿尔弗雷多

摄影师：桑切特·蒙托罗

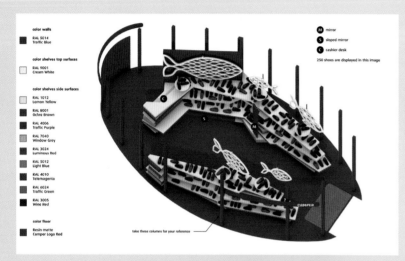

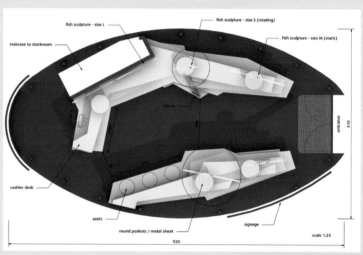

本案为西班牙著名休闲品牌Camper 于鹿特丹的第一家店面。空间位于林班街的中部。林班街建于1953年，为荷兰的第一个步行街。该店面空间给人感觉清爽，富有生命活力，其灵感源于荷兰附近的湛蓝海域，由阿尔弗雷多负责设计。

西班牙西北海岸，圣塞瓦斯蒂安，一个可以让游客梦想成真的地方。本案的设计理念，用设计师的话来讲，可谓是其圣塞瓦斯蒂安作品的再现。室外尽可能饰以多个大型投影，室内安以大大的开窗，街道中央的位置被充分利用，向路人传达"水旅馆"的意向。鹿特丹沟壑纵横，河流众多。设计时水的元素以抽象的形式幻化成阳台空间。墙体、玻璃用材、海湾的铁蓝色调、安静的感觉，光彩夺目，吸引着远处的路人。红色的Camper品牌logo，对比着浮在蓝色海洋的游鱼。近观时，不禁感叹，怦然心动。里面展示的休闲鞋品，其形状、用材、色调，一如水族馆里的珊瑚、藻类及异国情调的贝类。

瑞典摩卡时尚女装店之三

设计公司：伊来翠科·梦公司
摄影：弗雷德里克

摩卡时尚，新兴瑞典女装连锁，以图形设计、货物铺排、室内设计共同演绎精彩。不同店面，同样精彩。

本案室内设计，提升色彩、气韵神秘。细部引发想像空间。室内如同橡树的躯干空间，衣架是生机昂然的绿树，悬挂的衣服如同多彩的树叶。镀铬的蘑菇造型，镶嵌着闪闪发光的别致配饰。

瑞典摩卡时尚女装店之四

设计公司：伊来翠科·梦公司
摄影：弗雷德里克

摩卡时尚，瑞典品牌。本案，为该品牌麾下第二个概念店。空间理念取意于"石油钢铁之城"，以示其"启示"之意。空间气氛温暖，色调幽暗，以解构后的摩天大楼、奇怪的植物、氨气、柏油、威力无比的机器，打造看似充满生化惊魂的意象。大量可移动机器在城市里肆意蔓延。有毒的生化池中悄悄地滋生着五颜六色的新芽。巨型的铁链，毒蜘蛛般地从黑色的空中穿过，偶尔会拖到地面。

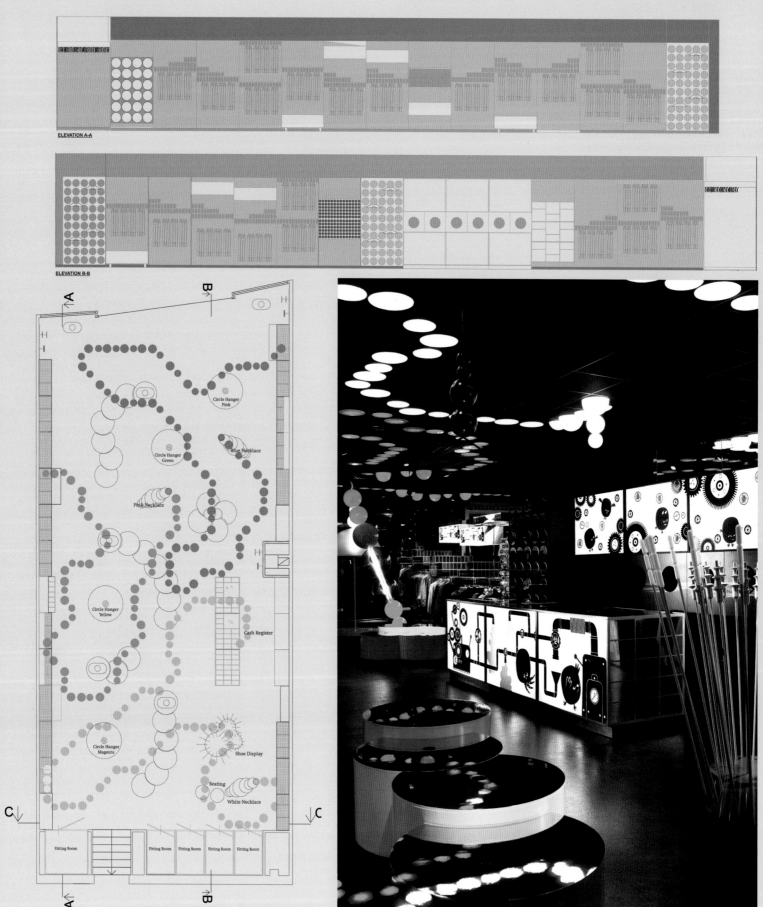

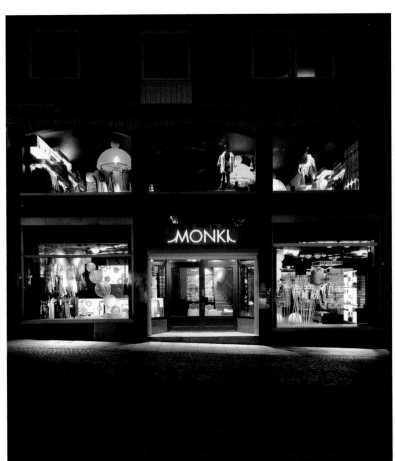

斯图亚特·苇茨曼
御用鞋品展示店

设计师：法比奥

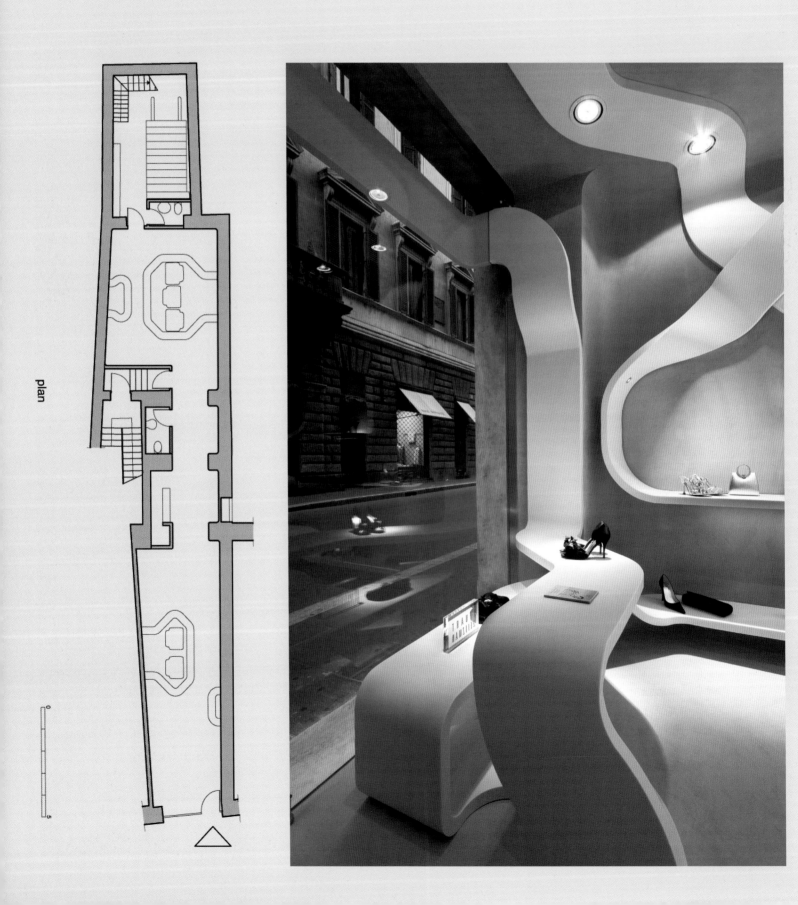

plan

服饰，并不能适应身体的变化，鞋履，却能。尤其是当代鞋履设计师斯图亚特·苇茨曼设计的作品，更是享尽天下女性的青睐。当斯图亚特让我为他的鞋子设计一个展示空间时，我立即想到了克里斯多风格的小盒子，就像是为顾客们准备的礼物盒子。一条丝带在整个空间流动，像是顾客们购买鞋子的欲望在蔓延。

爱马仕"上下"

设计公司：隈研吾事务所
面积：126m²

"上下"为爱马仕的又一力创，该品牌以展现、整合21世纪亚洲当代审美精髓为理念。因此，本案空间，采用天然的木材、砂岩打造了一个干净、优雅、和谐的内里空间，并与环境、高科技最终实现了无缝对接。

店内大量运用的软包材料，是介于布料、塑料之间的一种物质，具有布料、塑料的强度和质地，全部于日本国内进行热处理加工并成型。

时尚概念店

设计师：丹尼斯

面积：350m²

大厅般的空间，是"真实"，是"虚幻"，也是经典。古旧的家具，如今依然用它。各种时代风格的铺陈，是现代的诠释。布艺、墙纸、粉刷、墙体软装、图像拼贴，齐心打造的是一个时尚的舞台。

耀眼处，当仁不让的是令人心动的服饰，几多妩媚，些许温柔。似乎单一的外表下，却有米黄、咖啡酿造的万千差别。浮华的气质中，却是实用、低调也内敛。精心构制，只为那刻意的"安份"。考究的用材，繁复的图案、配饰与各种表面，共同打造的是一个三维的立体空间，精巧、细致。

科技元素的运用，现代的家具，映照着时尚的万千变幻，但却显示着"型格"与"风格"。

这就是本案。这里是时尚的前世、今生与未来。

DOEPEL STRIJKERS

设计师：埃利纳，沃斯

面积：188m²

本案位于阿姆斯特丹，为一旗舰店面。空间以装饰、铺陈塑造气韵。原有店面的经年底蕴，在此次设计时予以利用，如同树之年轮，清晰可见。量体原有的图案、质感以软装衬托，空间转换彰显品牌价值。

各类用材、造型的样式，或组合新颖，或对比微妙。内在材质的终级利用，造就了不同性质之间的相融相生。

新颖的量体、自然的用材、精湛的工艺、精致的纹理、清晰的图案，是本案品牌的质量展现。空间格栅的解构，是对客人动作的精心考虑，也是对成衣概念的深切领悟。品牌的持久、客人体验的最大化、精简的用材，以简练的手笔，以格状的形式在空间呈现。

当试衣间、照明、各辅助设施原本并不搭配的属性融于量体空间，服装、鞋、箱包、书籍和模特自然也创造着视觉上的连续。

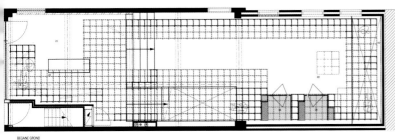

BEGANE GROND
ground floor

KELDER
basement

大美走廊

设计公司：野村有限公司

设计：久明平渡，智宏渡部

面积：350m²

时尚家居的销售空间，如若披上廊道的外衣，天生注定要创造一个不同的去处。本案空间，可谓实现了对廊道的充分利用，齐整的布局铺陈着的精品典藏应合着自由的生活方式。三个不同的功能区域，是拱形元素的剪影。男、女服饰，家居用品，不同的功能空间泾渭分明。不同形状的拱门，遍布于内外，不同的色度、造型、用材吸引着观众的眼。装饰墙古色古香，流露着品牌的哲学内涵，意味着选择的无极限。玄关处，极简的元素、清晰的线条，彰显着不同的意象。眼波流转，是动态的旋律。静观时，是一片沉静。

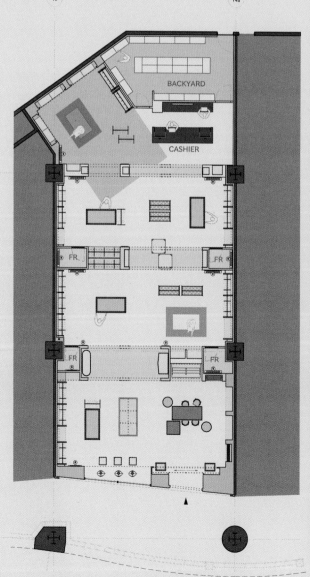

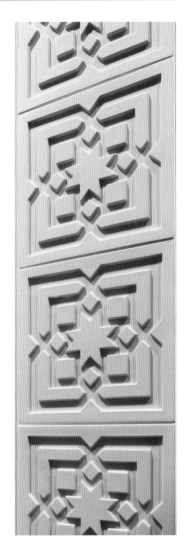

纽约奥兰凯莉精品旗舰店

设计公司：共和建筑

面积：215 m²

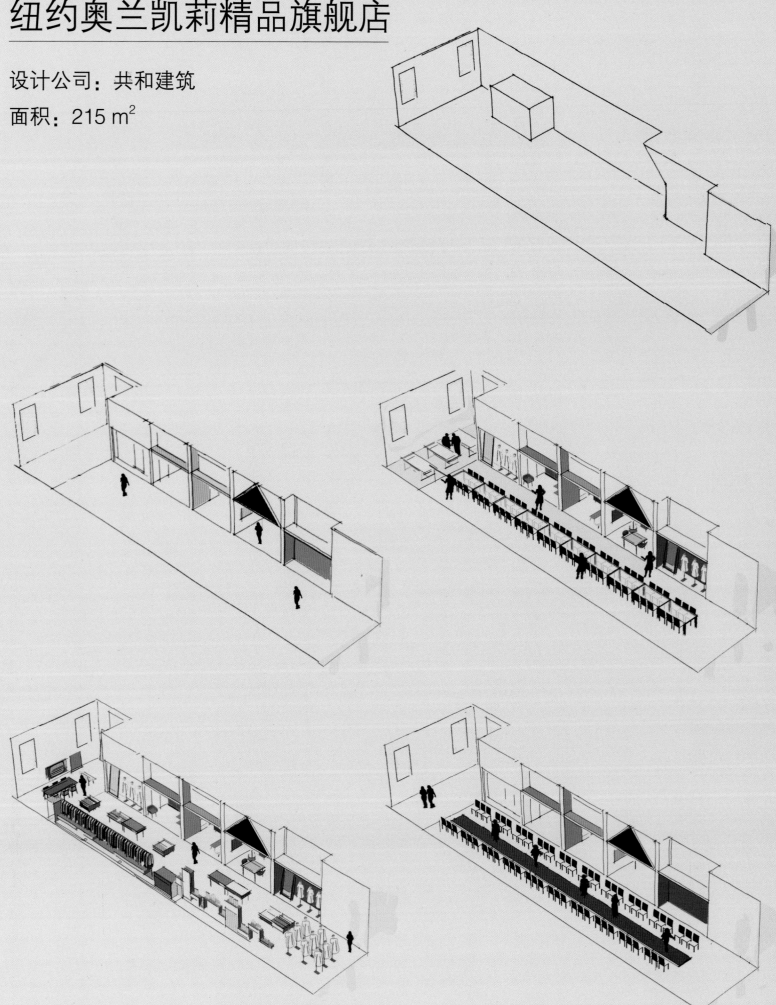

纽约凯莉精品旗舰店，占地215平方米。旗舰店所在的大楼原建于19世纪，极富SOHO地标意义。本案位居一楼，7.5米宽，28米长的狭长空间纵向分为两部分，一部分灵活用于"走秀"或展览，另一部分内容隔为几个小空间，分别展示凯莉品牌提包、家居用品、文具、美容产品、壁纸设计等等。各空间按其截面1：1比例设计，以其原创品牌的设计，为客人打造家居生活的享受。现代、可交换的内里空间，适时变化着自身

的功能，或不同寻常的展示，或戏剧汇演。后台服务空间的安排，又悄悄地变化着空间的感觉，如同"玩吧"，尽情满足着客人身心、动手的需要。

零售空间的设计，家居生活区的比例，是客人熟悉的感觉。细工家具，家用铺陈的常规尺寸。天花的高度，典型的客厅、厨卫的尺度，爱尔兰地产的家具，弥漫着异国的风味。

耐克空军1号店

设计公司：特拉芙建筑师事务所

面积：108m^2

耐克空军1号店位于日本原宿后街。耐克的产品,一如其品牌所代表的动力,向上永向前。本案设计的目的是渴望打造一种空间,一种气氛,让消费者置身其中,视觉上感受到耐克品牌的繁多和耐克品牌旺盛的生命力。

纯白色系的设计,因为耐克产品的增加而再添色彩。以鞋盒般形状成就的双层玻璃展示空间,动感十足。晶莹的造型围成柱形,洒下一地银光。所展示的统一朝向的鞋子如同玻璃缸里的观赏鱼,随着鱼儿流动,空间悄悄地变化着自己的色彩,是律感,也是动力。

高透明度的玻璃展架与相框实现着无缝对接。随着紫外线的强度变化,相框或温柔,或强硬。双层的玻璃框架,自由滑动,方便鞋品的陈列。墙体的细刨花板,纯白设计,如同促销的海报;墙体粗糙的质感,与玻璃盒体的光滑表面形成鲜明的对比。

二楼另辟有休息空间。在这里,客人可以亲自动手设计自己的鞋子。站在双层高的空间,踩着蓝色的地板,俯首往下看,一双双鞋子,如同一尾尾鱼,在空间里游来游去。

"SHOESME" 童鞋展示空间

设计师：芙里斯肯斯

Shoesme高品质的儿童鞋，从生产至配送，完全连锁。本案空间，要求其具有可持续性，以备将来之需。空间要求具有"促销"的效果，这是展销空间的终极目的。

儿童鞋的销售空间，设计灵感主要来自儿童用品——玩具，尤其是积木。骰子造型是玩趣，也是变化。无毒、环保的用材以旋模的工艺成型。一个造型如座席，正好是儿童的高度；另外两个叠加，为正常桌台的高度；还有三个，正是吧台的高度。

或叠，或连接，各造型面体以开口彰显童真、童趣。榉木钉如栓，作为连接。桌面多层板用材，也以开口示面。此种设计极大地方便店家根据需要，随意改变内里空间，搭配摊位。展销结束，拆开后的摊位，可以作为骰子送给客人，是成本的节俭，更可以彰显Showsme的大气，再一次起到品牌促销的目的。

来往空间的客人，多为零售商，因此，展示的鞋品更多地要求为真实、全面。受本案量体外形及天花的启示，360度辐射范围的灯具，自成一格，别具造型，各部件极尽其用，节能环保的同时，灯具保真地展现着自己的色度，映照着陈列的一双双童鞋。室内设计弹性而不僵硬，工业味十足但不失俏皮。

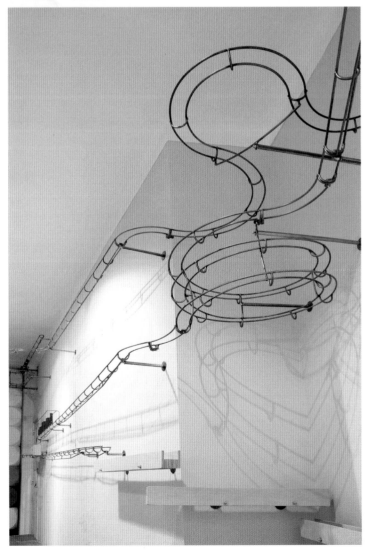

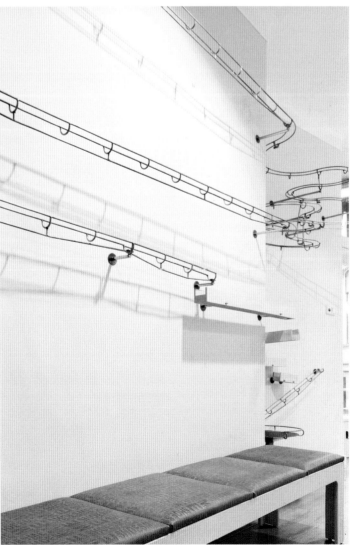

西班牙Camper鞋专营店

设计师：吉冈德仁

本案设计，揉合自然美丽、惊喜，理念源于2007年Camper的纽约店面设计。30000根细纤维，如丝似羽，谱写感忆空间，如白雪荡荡。

Camper，西班牙著名休闲品牌，为体现其身份认同，设计师集天下名家手法、智慧、理念，齐塑空间精彩。

绽放的红色花卉，是Camper企业的本色。轻盈的薄纱装置，是空灵，也是自然的永恒。

里昂Camper专营店

设计公司：麦肯克工作室
摄影：桑切斯

Camper，里昂专营店，以走路的步伐作为基本的设计理念。沿着楼梯曲线，或上或下的旋律幻化成千变万化的模样，如基座、似托架、同高凳。楼梯、墙体、地面等各面体，采用鲜红的直线尽情地勾勒。各功能区域，在保持独立性的同时，以楼梯作为连接，坐、行、起、动，是空间的旋律，是深度的蔓延，是无限的扩张。

And A时尚博多店

设计公司：契机设计

设计师：Hisaaki Hirawata , Tomohiro Watabe

摄影师：Nacasa & Partners

面积：135m²

时装，时尚，是慰人心灵的音乐，是泛着清香的书本，吸引眼球的艺术品。空间采用高级的用材，打造复合的文化。时尚店的外表，并非只有浓艳与华丽，精神的吸引，来得更是脚踏实地。巨碗般的空间，直径长达2.5米，自玄关起，就散发着磁石般的魔力。立面，或剔透，或厚实的质感，偶然的窥视，让客人不禁入内。时尚店设计的经典，即在这里。

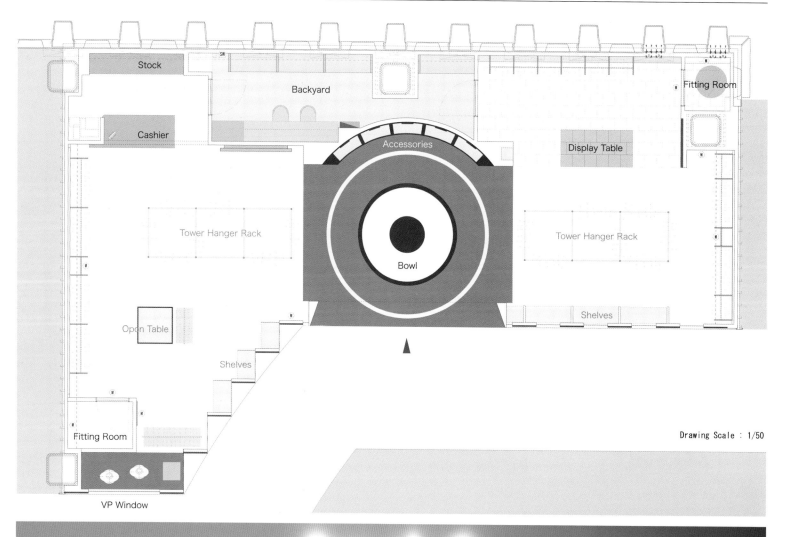

Drawing Scale : 1/50

VP Window

And A
music books design art fashion

And A时尚川崎店

设计公司：契机设计

设计师：久明，智弘

面积：167m²

黑白打造的空间，划分为三个区：前世、今生、未来。各区色彩、场景不一。"A"字型的立面，自然的广告展示，前卫、造型独特，对路人极富吸引。店铺中心肆意扭曲的钢管，蛋糕形状的天花圆顶，是动感的显示。LOGO的书写，极尽日语书法的意象。前行深处，恍然已至"今生"。越过独立的木质门楣即是"前世"。脚步轻移，不经意间已经开启了本店时尚。

And A时尚横滨店

设计公司：契机设计

设计师：久明，智弘

面积：125m^2

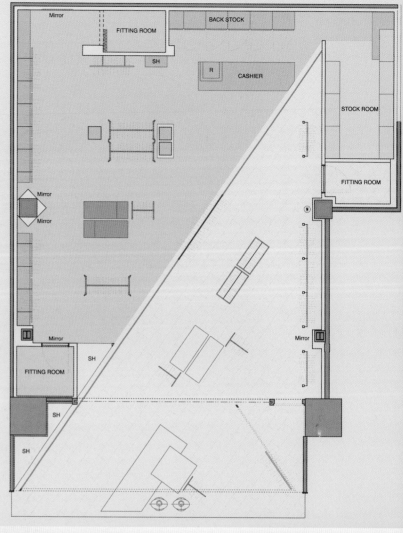

AND A时尚经营品牌众多，有男女时装、配饰、鞋、箱包、家居用品等，因此店铺设计宜采用开放手法。本案空间分为两个区域，前部分明亮，后部分黯淡。明亮的形象总是给人以休闲、开放的感觉，明亮的前区更能吸引客人入内。一旦入内，惊鸿一瞥之间，却也发现幽暗的后区，竟然展示着那么多的物品。

前区采用纯白色系，同时用作公共区域。立面无过多的修饰，踱步之间，物品轻触之间，商品的促销在不知不觉中已完成，这也正是本案设计的本意和设计精髓。

玄关足够开敞。客人入内，注意力无过多的分散，脚步前移自然的梯步，由上至下，从左至右，引领着客人的脚步。洁白的

空间内，红的色系适时出现，是一抹亮丽，一抹耀眼。恍然之间，公共区域已过，却是空间的内里深处。幽暗的色系跃然眼前。场景由亮至暗，脚步轻慢，心情放轻。两种不同的心境，如同购物的节奏。万千展品，万千时尚，正等待你的慧眼独具。

当下，日本时尚零售空间风格各异，追求个性。步入式的空间，清爽的设计是本案的与众不同。公共区域，一半的空间采用纯白的色系，不仅清爽，更是节约了预算。创新的用材不足以成为室内设计的全部，能与时代同步的设计，才称得上是设计的己任。

三宅一生零售空间

设计公司：山本洋一建筑师事务所

摄影师：山本洋一

橱窗面积：11.5m²

三宅一生，日本民族时尚品牌。本案以传统"椅子"作为设计理念，借助"椅子"实现从二维到立体的转化，打造别样的零售空间。解构后的椅子部件呈现多样不一的视角。原本直立的椅子脚呈水平摆放，直立的只剩椅背。

以不同规模、不同高度、不尽相同的角度，椅靠怡然地实现着空间的无缝对接。悬挂展示的衣服，自然随意，家居生活的休闲气氛尽在其中。创意设计大师平田昭夫的帽子作品，充满活力，挂在铁蓝色的椅背上，具有别样的风情。

V时尚

设计公司：Creneau International

开放、透明的前立面，中央的门，高高的窗，足以吸引众人的眼球。玄关处，是高高的天花，宗教般的沉静瞬间弥漫在空中，凝聚在你的心间。正写的"V"，此刻有了别样的心意，成为代表女性的符号；倒写的形状不言而喻地成了男士的代表。正、倒交汇便成菱形。白色的护墙板，菱形墙，延续着钻石的灵感。店中央，白色杏仁状的皮革长椅，低调，却增添了空间的活泼气氛。空间的长凳，有着吊灯的光芒。

上海新天地 "盗梦空间"

设计公司：加蒂设计

设计：加蒂

面积：100 m²

本案空间为"另类"时尚店。设计源于内心，自然快捷。空间狭小，但却需要功能分隔多样，以适应办公、试装、陈列的需要。"楼梯"适时出现，各功能一一排列，尽显空间有序、充实、完整。

"另类"的时尚空间，当然需要别致的设计理念。本案空间，无"上序"，无"下列"，无"左翼"，无"右分"。"楼梯"因此俨然成为独立、强大的元素。空间如同卷纸，圆润的外表下，是井然的区域分割。

无独有偶，本案完工后的一天，设计师偶然看到了电影《盗梦空间》，恍然发现，本案中的楼梯、镜材竟然与电影如出一辙，真乃印证了一句话：英雄所见略同。

日本金泽女装店

设计师：大野

面积：77.32m²

本案是位于日本金泽一商场的临街店面，为一女装专卖店。狭窄的走廊引领着纵深空间，L形的基地是其硬伤。

临街处，有几面巨大的墙体，墙体共作了7个层次的设计，彰显设计的精巧，吸引着客人的目光、激发着客人的好奇，引领着客人入内的脚步。其中6层，不同的网格下覆盖着可膨胀的金属，金属下不可思议地潜伏着一层镜墙。最外面的三层，婉转向上，俨然成了客人的导向。

层次叠加，几分繁杂，婉转时，却已是单纯的墙体，低调地引导着客人，空间的主角依然是内饰的软、硬装。

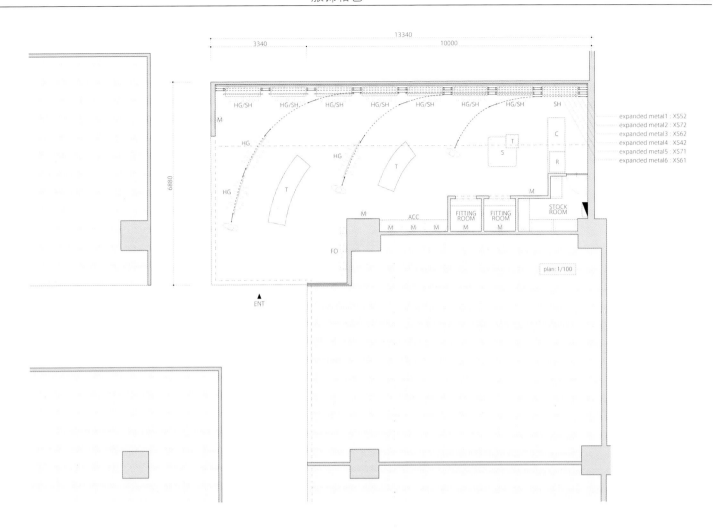

东京皮具饰品店

设计师：大野

面积：79.00m²

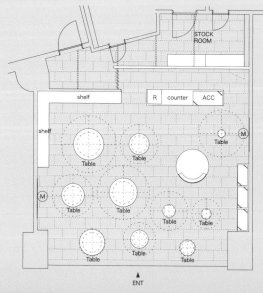

本案位于东京青山时尚中心区一栋17层的建筑内，主营箱包、皮具及配饰。店面的地理位置极佳，距离该建筑的主玄关仅几步之遥。

展示区华灯溢彩，圆柱形的不锈钢垂饰是光源的所在。无天花照明的设计，极好地突出了所展物品的风采。上下空间暗黑分明，让空间多了别样的层次感。

墙体的色度层次分明，垂饰适时出现在入口，形塑着空间。巨鼓的造型俨然华盖，底下的小路，千折万转，书写着浪漫。

HEIRLOOM
概念零售店

设计公司: Dariel Studio

面积：60m²

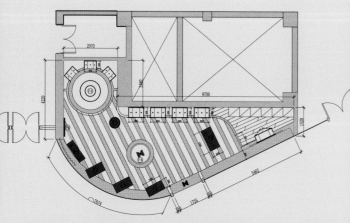

2011年12月，Heirloom为上海的购物狂热爱好者和时尚拥簇者带来了全新的概念零售店，该店位于上海新时尚代表的中心——新天地。

这家概念零售店被打造成首家以全系列皮革配饰为主打的品牌零售店。基于Heirloom品牌此前的店铺概念，设计师不仅使这个空间延续了其品牌概念，更完成了惊艳的转身。此次概念反映出超现代的奇幻世界和经典零售空间的现实主义间的完美融合。设计师面对的首要挑战就是空间的狭小，整个空间只有60平方米。因此，店铺设计的潜在概念是重塑一个购物空间，使消费者感觉处于充满现代感却不失优雅的闺房，能够完全沉浸于舒适有趣的购物环境中，以期能暂时远离现实生活的硝烟。

穿过古典的金属色大门，顾客像是瞬间掉进了一个幻想的世界。从接待台延伸出去的黑白条纹相间的大理石地板，通过接待台的反射，为空间创造了一个全新的透视视角以增大空间感。运用具有装饰艺术感觉的灰色作为墙面，配以云朵状花边的白色漆框，来展示一系列独特的手袋精品。这些云朵状的漆框是特别为契合Heirloom品牌感觉而设计的，用奶色的材质衬托出奢华的氛围。

独特的室内装饰设计完全为配合这个空间而量身定做。新店的亮点是隐于空间角落，静静地被金色不锈钢围拢成一个圆柱型的空间，意为独特而私密的闺房设计。墙上随意地镶嵌着一个个金色铆钉，远望像被吹起的金粉散落在墙上，又似繁星点点，这使得这个独特的闺房设计更加优雅梦幻。奢华的触觉感受更邀请顾客能自发地探索产品，享受一个亲密而愉悦的购物体验。深色的橡木定制挂包架，灵感来源于女士的衣架，不仅是手袋展示的一种创意变化，而且也重新定义了私密的闺房概念。

salire kurosaki

设计师：大野

面积：163.33m²

本店采用流线设计，然而流线的动向并不明晰，给人带来连绵的感觉。设计师在设计本案时费尽心思，他把居于店铺中心的柱体设计成鸟巢状的装置，并分出一层层的隔板，对顶层隔板加以旋转延伸，伸向店中6个角落，这样，空间的形态和位置在不断转换。整个装置更像一棵大树，枝丫覆盖着各个空间，并利用伸展的隔板，在下部设置展架，便于服饰的凌空展示。当你走进本店时，会有漫步于小树林中的错觉，越是深入，越觉开阔。仿佛被树枝和树叶包围一般，无论你往哪个方向走，周围都是华美的衣饰。如此畅快的感受是普通店铺所不能体验到的。

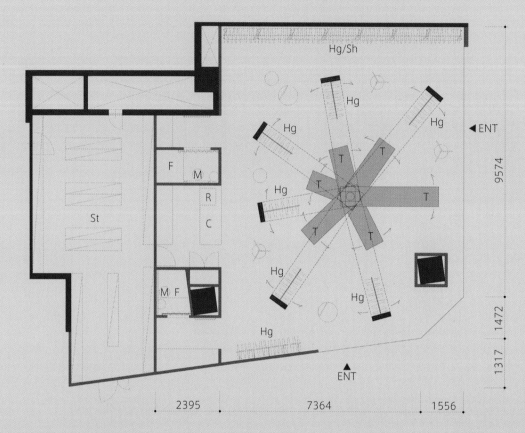

C = counter
F = fitting
Hg = hanger
M = mirror
Sh = shelf
St = stock
T = table

plan : 1/100

白富美时装店

设计师：桑德尔，艾尼可

面积：230m²

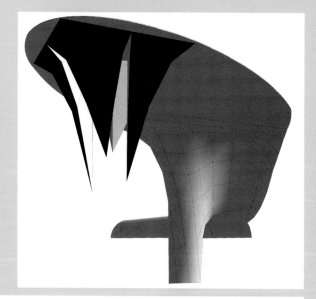

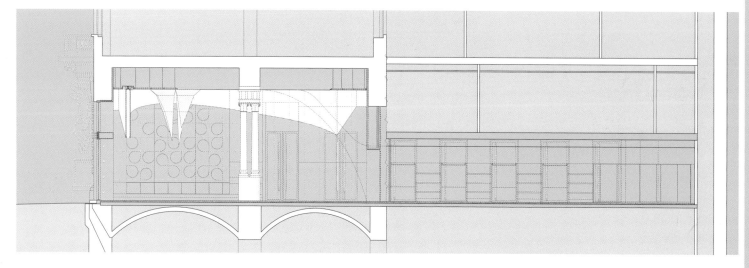

SECTION A-A

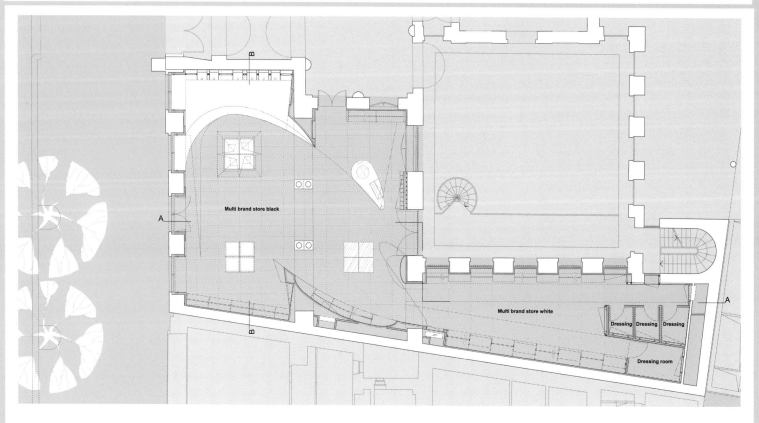

Multi brand store black

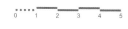

Multi brand store white

Dressing Dressing Dressing

Dressing room

FLOORPLAN

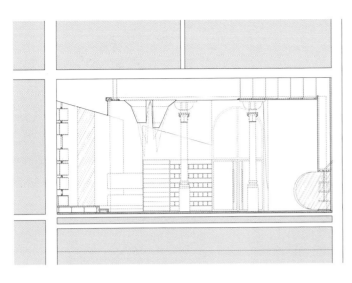

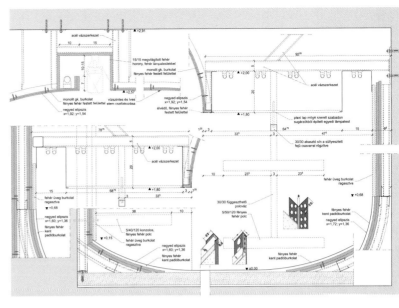

SECTION B-B

本案设计中采用纯白的色系，明亮的朴素和曲体的表面，打造出优雅、阔朗的店面。年代久远的立柱，穿越了时空的布局，却让时尚的店面有了现代的气韵与质感。鲜明的室内设计，白色的表面，灯光，凸显着时尚的"陈列"。简约的立式柜台，彰显着偎依在其身旁的模特，模特身上的时尚，俨然艺术的展示。黑色玻璃状造型，悬挂在天花，设计的众星捧月，成为时尚的另类精彩。

墙体排列的诸多盒体，成自然"A"字型，里面陈列着诸多品牌的配饰。太空仓般的壁龛更是独家展示着TOM FORD的女士饰品。内里的空间，较之前部区域高度较低，法国软膜天花的适时出现，自然地把前部区域的人流引入内里空间，原本不同比例的空间，顷刻间成为一个和谐的所在。

Piccino Store

设计公司：Masquespacio Stuido
摄影师：Inquietud & David Rodriguez
面积：38m^2

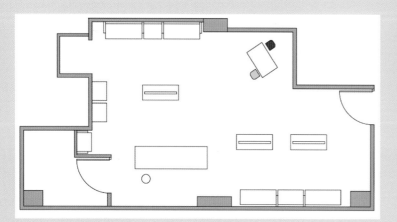

Piccino需要一个清新现代的充满童趣的店内空间，以吸引家长和孩子来到这里购置衣物。对于一个仅仅38平方米的空间，兼具实用性和功能性是必要的，店内需要充分利用空间进行衣物的展示和储存。

在这个仅有38平方米的空间里，为了避免展示空间因为预留储存空间后缩小，设计师使用可以调整的标准组件的架子，由此店主可以根据衣服的大小或者在特定时间调整距离使得空间更加协调。

每个架子都有一个抽屉来储存剩余的衣物，而且每个架子都安装了轮子以便在必要的时候可以当做展示桌使用。在店内的中间，不同的家具被用以展示经典款的衣物以及配饰。

为了让店内的空间更多更好地用于展示，室内空间大部分是白色。由乙烯和贴纸制成的旧家具的架子以及家具的轮廓正用一种滑稽的方式嘲笑着传统的家具。与此同时设计师使用清新的颜色来展示孩子们的画作使店内的空间又回归到了现代。磁像素可以让孩子们创造出自己衣物的同时，又可以让其他孩子看这活灵活现的电影。

巴塞罗那Camper
休闲鞋店

设计师：阿尔弗雷多

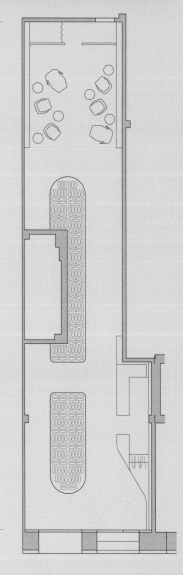

巴塞罗那Camper休闲鞋店空间被称为步桥，它最新运用了陶瓷材料、铜材料等，并在鞋店的末端空间设置了一个大空间，方便客户舒服地坐下来试穿产品。

设计师认为，他对于巴塞罗那Camper休闲鞋店的贡献在于除了给顾客一种高标准的想象，还会运用一些新的元素和简单概念满足鞋店的日常功能。一些元素的运用已经在其所负责的巴黎马略卡品牌中得到测验，另一些则是全新理念。

本案中部空间设置了与地板同种陶瓷用材的展台。作为一种呼应，墙上及收银台上的铜饰材料为整个空间增添了一种高贵的光泽。天花板上令人赞叹的是像挂灯一样悬挂着的连衣裙、裤子、灯笼裤和短裤装饰，它们像人影一般飘扬于鞋子上方，展示了一种热情和小幽默。由一个大过道引向的空间，可供顾客像上帝一样舒适地试穿鞋子。

柏林珠宝店

设计公司：凯特蒂德工作室

面积：110m^2

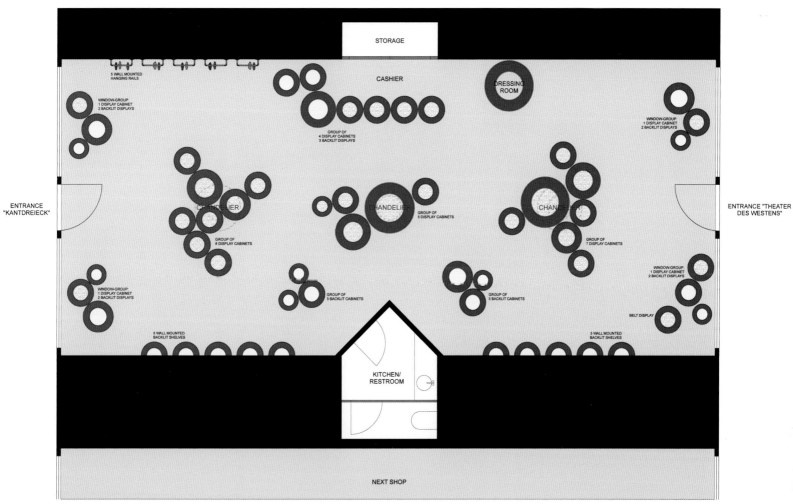

柏林珠宝店的业主为专业的珠宝设计人士。该店面为其最新设计的 "珠宝、配饰、皮具"等作品的展示空间。室内设计尽显年轻、活泼的生活方式。所有原材料来自世界各地，以国际气息彰显陈列物品的菁华。

建筑量体位于柏林市内高铁沿线。设计走"概念"店面路线，延续铁路的功用，以空间连接柏林东西两部分，旨在为客人、业内专业人士提供有趣、娱乐、灵感的氛围。

古老的厂房，一排排的巨面窗，具有典型的工业时代的气质，与空间中所陈列物品的高质量及其所打造的生活方式形成了鲜明的对比。设计师将此充分利用。奢侈的物品，穿越久远之后，更显弥足珍贵。

空间内，砖面是粗糙的质感，旧有铁路架构的拱门给人冷冰冰的感觉。不合时宜的原有部件，停留在空中，但却不予放大，而是精简地使用，赋予空间一种画廊般的气氛，但却不凸显。清洁过的、回收再利用的轮胎一反常规地出现在空间，使本案没有了常规精品店的光滑，却有着一种惊喜，一种心动，一种质朴。

天花下，三盏吊灯，给人以深刻的印象，细打量，却是由大型的卡车轮胎、建筑灯及大规模的水晶制作而成。黑色的水磨石地板，堆叠着轮胎，却是珠宝、饰品、皮具的展示。灰色的板岩，闪亮之间，成了珠宝的天然背景。LED灯的照耀，更是提升其固有的生命乐章。配饰、皮具自有平台用于展示，毛玻璃的光彩反照是其自然的灯光。挂衣架、停车柱置于墙上，沿墙是一个个衣柜，却是由切割成半的轮胎制作而成。衣柜的台面，采用玻璃用材。

精品的展示，经典的家具，富有创意的消费品，不同寻常的设计，打造着一个与众不同的空间，可零售，也可用作室内设计展示。

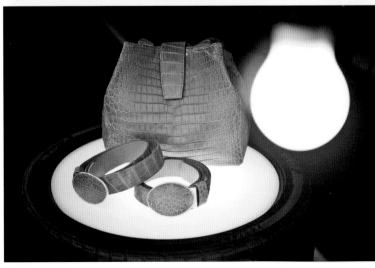

Catalog北京店

设计公司：南都设计

设计公司：南都设计

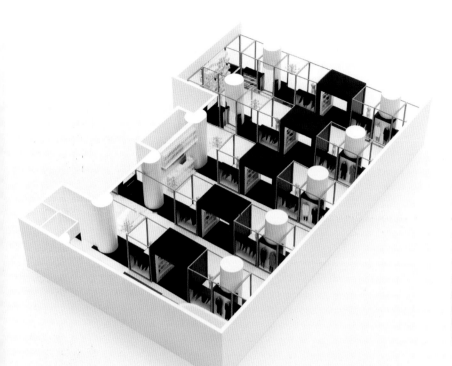

CATALOG总部位于香港，为专业的运动时尚品牌，主打运动鞋。北京店可谓是进军大陆市场的边防前哨。其品牌名称CATALGO，则是其理念的反映：不同视角的品牌观，不同品牌的协调观。本案的设计重在通过设计，力展其品牌的"特异性和吸引力"。但凡店铺设计，橱窗往往是其颜面。本案橱窗以其统一形式，反复出现。一如其英语名称"CATALOG"的中文内涵。橱窗观，如目录翻。整个店面橱窗般的设计，内里的陈设自然成了世人的焦点。

服装店

设计师：盖伊·朱克

建筑的个案中，用材的花费往往大于设计的投资，本案设计，却是此惯例的颠覆。

时尚界的设计，通过本案空间，实现着"乾坤大挪移"。薄薄的、原生的时尚用材，或切割、或折叠、或裸白、或包裹，用于展示架板、试衣间、桌台及空间的前部。5米高的空间，是挂板的堆叠，背光的设计使原本五金店的用材成了蕾丝边般的时尚。挂钩制作的网格，在此也叠加服饰的图案，或由光走，或予以钩挂。服饰的展示，顷刻间成了立体的三维。

除了垂直方向上挂板的使用，水平方面的用材同样展示着一个不同寻常的空间，如柜台、夹层、试衣间，纷纷以服饰样式，似乎从墙体直出，

展示着黄色系的内衣。古旧的穿衣镜、梳妆台、迷你的钢琴如同镶嵌在墙里，其粉饰格调延续着挂板的主题。如此用材，颠覆着传统的设计思路：材质的使用并非仅仅停留在表面，用材完全可以书写着格式与功能。

时装设计，创造性的领域，已完全与当代生活融合。瞬息万变的计划，预算数额，建筑用途，诸种议题，建筑业内不得不面对。若想纳时装设计于建筑，对建筑的期待必须要予以改变。并非所有的建筑都能成为经典、永恒，如果不必投入更多的高科技用材、更多的精力与注意力完全可以投入到对使用材质的控制和设计的质量上，而不是成本；也可以更多地关注设计，而不是建筑。

Changing Room

Loft Above

Dresser=>Counter

Storage   Mirror

Piano=>Accessory Display

Electric Panel

Coffee Table=>Storefront Display

香港Shine时尚店

设计公司：NC建筑设计公司

Shine，香港知名品牌，高端时尚总汇，一向凭借独到的眼光、敏锐的触觉，总能为时尚名人网罗全球顶尖品牌服饰。本案为铜锣湾礼顿中心新店，设计灵感源于闪亮（Shine在英语意为闪耀），突显其前卫和独特的个性。

正门高7米，结构以不对称"星形"外貌，博人眼球，彰显其店面形像，映衬其品牌至尊身份。纯白的外观，形塑着立面的纯洁。黝黑的内里墙壁，大气高贵。各空间界定明确，或正门入口、或楼上销售空间。入口处，另有3个展示平台，并有模特。无意中形成的气场，使空间如同橱窗的延续，应时变换着展品。沿着透明的后墙，悬梯盘旋直入销售区域。梯面之上，几何形状的荧光洒向排列整齐，呈现未来主义的意

象，一如其间展示的精髓：服饰，永不过时。

上层销售空间。两墙边上嵌以特殊的黑色水晶陈列装置，壁龛般的设计，专门用作男、女服饰的分类展示。两边地射照明的中央展架，展示着前沿的时尚，聚集着客人的注意力。纯净的背景下，却收藏着来自世界各地的大师作品。壁龛的金属边框以延续的姿态前行，弹性化的磁性品牌吊牌设计显示着设计的别出心裁。

软装的更衣室、万花筒般的镜像收银玄关悄悄地消失于化妆室的护卫之中。因此却形成了整个空间中最为隐密的宜人区域。化妆室超逼真的姿态，任由客人多角度地观赏换上新衣的自己。如此设计的灵感源于音乐视频，却是由电脑技术打造的结果。背光的天花，曲意伸展，创造着一个长达2米的净空高度的虚幻之感，灯下的试衣人自然是光彩万千。

Shine旗舰店的设计，闪耀星辰化身于时尚零售空间的实现。视觉上自然震撼，但功能却依然实用。

STORAGE / CASHIER

BAG AREA

ACCESSORIES CABINET

TRY ON AREA

WOMEN'S SECTION

MEN'S SECTION

FITTING RM 1

FITTING RM 2

WOMEN'S SHOE AREA

MEN'S SHOE AREA

0   5m

0   5m

北京三里屯玛尼店

设计公司：伦敦锡巴里斯设计(www.syb.co.uk)

设计师：西蒙·米切尔、托奎尔·麦景图

面积：550m²

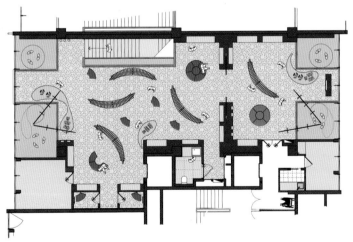
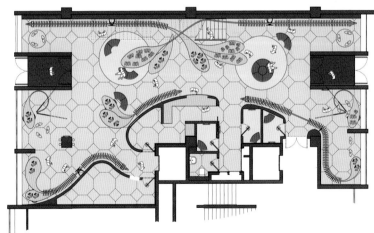

本案空间为旗舰店的设计。强有力的几何造型、令人熟悉的用材，彰显着概念的发展与变化。背光的玻璃盒体来自中央处，以方方正正的态势伸展在空间中，内里悬挂着衣架等展示用品。不锈钢的扶手饰品，以略带夸张的形式，给人一种笨拙的感觉，但却依然保持着流动的雕塑质感。大型的平板显示，传承着玛尼早期店铺的特点。天鹅绒铺就的座位，圆形模块化的设计，独立的家具和移动化的设计，优化着空间的灵活性。圆形的天花板，大小不一的开孔，洒下一地照明，如同口袋漏下的硬币。

空间的几何主题灵感来源于本案品牌的最新产品。整个空间一如土黄的调色板；大红色的楼梯，预示着中国的传统身份；定制的墙纸，环环相扣的八角形广泛运用在空间；二楼的地毯，一楼超大的白色石瓦，延续着墙纸的图案。软黄色的背景，座席区的毛绒地毯，试衣间、服务领域的高光漆墙相互和谐，创造着空间的凝聚。

原有的楼梯得以保存，原有空间工业化的气质与装饰后的空间气韵，形成一个鲜明、有趣的对比。双高度空间的阔朗，生长着巨大的不锈钢树，蔓延着簇簇玻璃纤维塑成的造型。黑色的立面，漆黑发亮。简约的外表，如同舞台的框架，见证着内里一幕幕的华丽。

多元品牌精品店

设计公司：伦敦锡巴里斯设计(www.syb.
　　　　 co.uk)

设计师：西蒙·米切尔、托奎尔·麦景图

摄影师：山姆·莫汉（约克工作室）

面积：300m²

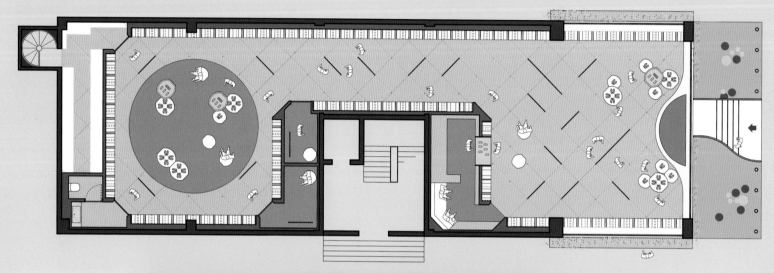

印度伊斯兰艺术、建筑，多以几何形式来表现复杂的图案装饰。本案空间，借用"乾坤大挪移"的做法，实现着精巧的设计。泰姬陵，莫卧儿王朝时期的著名建筑，及其他同时期的标志性建筑元素——沙漏，以程式化的形式在此重复。其纹理、节奏是传统的联想，但其应用，简约和物质性体现着现代化的神韵。简单的几何模块般的量体下，是富有特色的内墙，集美学、展示实用功能为一体。

镜材、视屏、展架、挂钩、铰链门、珠宝等贵重物品的玻璃展示柜，在空间内找到自己恰如其分的位置。半透明的天然玻璃纤维造型，由可调制的LED点亮，依不同区域及其主题，随意地变换着自己的华彩。

各独立展示区域，同样自然的玻璃纤维，重复着沙漏形状。大块石英地板交接的位置，潜伏着不锈钢挂衣架的支撑，与围墙形成的45度角的态势，让其有了自由摆动的位置。客人空间的行进动线安排得有条不紊。

空间前部，双重的空间，闪闪发光，半透明的沙漏墙体，像饰有金银丝细工的屏风。大型的Barrilux天花，以簇拥的形式漫射着光彩。白天，是明亮，是通透；夜晚，前面标牌留下的剪影，光影舞动如树林的摇曳。弧形玻璃面板的前门，对比着简约的釉面外观，展示的用材依然继续着透明的主题。外观设计，具有明显的品牌特征。外面的池塘，轻巧的铝桥凌波，巨大的亚马逊百合，是沙漏的映象。前部突起的高地，覆盖着白色的网罩，攀爬着藤葛，绿意盎然。空间的拐角，原本直来直去，顷刻间有了一丝温柔，几分轻软。内里的空间，宛然间也有了绿色的铺垫。

玛尼拉斯维加斯店

设计公司：伦敦锡巴里斯设计（www.syb.co.uk）
设计师：西蒙·米切尔、托奎尔·麦景图、乔琪亚·堪尼奇
摄影师：多纳托·萨德拉
面积：220m²

本案位于拉斯维加斯，为品牌的旗舰店空间，空间的设计灵感源于悬浮在半空中的"鞭子"。不锈钢的造型，一头连接着收银台，一头固定在墙体，如同鞭子，蜿蜒在半空，似乎在界定着空间的周长，又像是在佑护着展示商品的精品空间。雕塑的墙体，晶莹闪亮，原来是玻璃纤维的鞋子在闪闪发光。

曲面的墙体，平滑的灰色调，时有凹凸的灯泡排列，具有不同的纹理，却不粗糙。背光的阴影，是质感的舞动。内嵌的灯泡里，有不同饰品的展示，提升着空间的别致。沿四面墙排开的玻璃纤维展示盒，背光照明。悬挂着的人体模特，悬浮在天然的玻璃纤维、紫色珍珠漆面中，其实是"玛尼"最新饰品的灵感激发。销售空间之外，另有试衣间、仓库、办公室。

独立的椭圆展示台，同样运用紫色珍珠，白色的PVC脚凳，灰色羊毛地毯怡人舒适。天花上，巨大的法国软膜光盘造型，呼应着气泡图案的墙壁，投下柔柔的漫射光。抛光的混凝土地面，塑造着干净、清爽的背景。室外的处理，书写着同样的极简手法。没有传统的窗口展示，简单的玻璃幕墙，几个悬挂的模特是清爽的眼，聚集着附近扶梯处行人的目光。

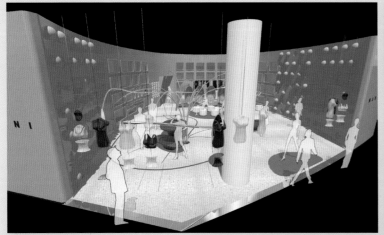
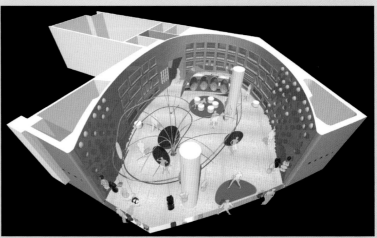

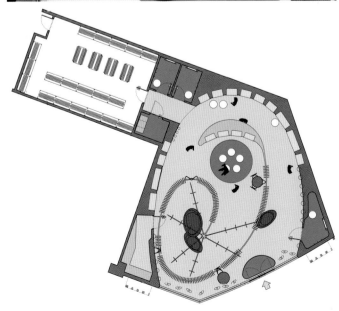

史黛法诺巴黎旗舰店

设计公司：伦敦锡巴里斯（www.syb.co.uk）
设计师：尼古拉·霍金斯、西蒙·米切尔、
　　　　托奎尔·麦景图、佩特拉·简宁
摄影师：马尔科·赞塔

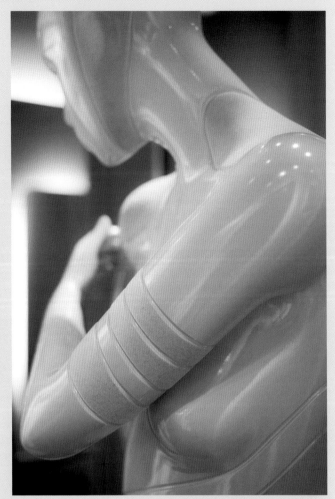

史黛法诺（Stefanel），世界知名时装销售、生产企业。本案为其在巴黎所开设的第一家旗舰店，竣工于2011年3月。设计的目的在于通过强有力的可辨认建筑语言，为该品牌旗下700多家店面树立全新形象。各店面设计本着"超值享受，安装便捷，融于地理"的理念。模块设计的背后，却依然是自然的形状，流畅的曲线，微妙的色彩、纹理。个案灵活富有弹性，美丽依然。

朝野时装店

设计公司：契机设计

设计师：Hisaaki Hirawata，Tomohiro Watabe

摄影师：Nacasa & Partners

面积：264m²

本案空间用于服装销售，其名"ESTNATION"原因有二，其一源于英语词组"东方之国"，旨在借此希望该品牌能走向世界。其二英语字母组合"EN"在日语意为"目的地"，原本销售西式服饰的空间，如若具有东方的风情，意义当自不同寻常。日本文化重垂直态势，轻水平。本案中，白色的板条隔断，则是该文化理念的反映。原本低矮的天花，深长走向的空间，自玄关起就给人信步入内的感觉，同时也能感受木质的温润和间接照明带来的怡人感觉。漆面的矩形板材俨然成了装饰，墙体的纸糊木框则是日本建筑文化的充分体现。亦中、亦西，亦内、亦外，商业空间原来也可有如此这般感觉。

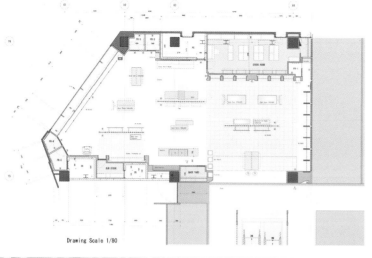

Drawing Scale 1/80

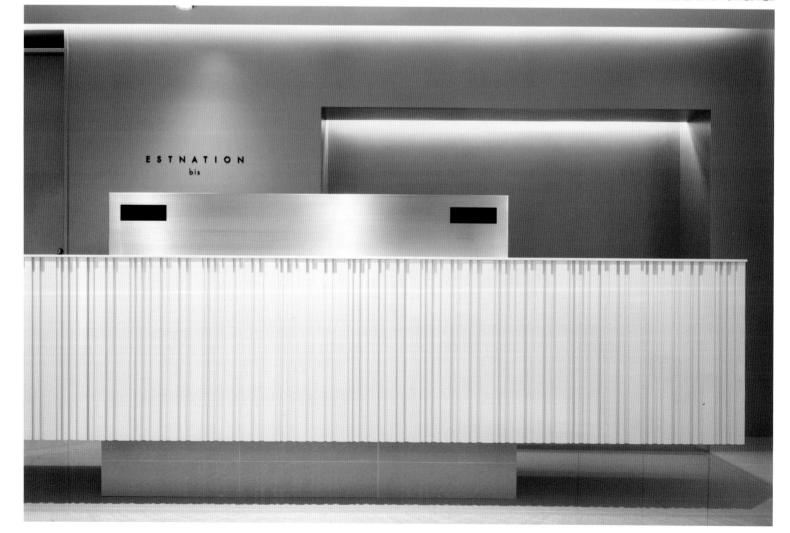

E S T N A T I O N
bis

宝中宝三宅一生东京店

设计公司：契机设计

设计师：久明，智弘

面积：26m²

Scale 1/50

设计公司：契机设计

设计师：久明，智弘

"宝中宝三宅一生"主营手提包、配饰，其主打产品为"毕尔包"，以"三角"元素的重复使用，彰显日式品牌特色。本案的设计，根据其理念，构造空间立方体块的概念。鉴于本空间对行人的吸引因素，各立方体块之间，独立但却相互融洽，室内外合二为一，内外无明显界线。皮包在手，无商店的实质体验。各立方体块，形状肆意变化，如同律动。边角处也被充分利用为商店的仓储空间。

you by dialect

设计公司：Electric Dreams

位于斯德哥尔摩中心的You by Dialect品牌店的店面设计，由Electrice Dreams完成。这家店巨大而设计精巧的吊灯，大小不一的产品展示台，光滑的黑色画框和颇具古色古香韵味的当代家具，营造出了一种高雅，舒适的环境。客人可以随意浏览最新款的小器具和配件，与此同时还可以享用一杯由工作人员递来的咖啡，这种服务远远超过了那种遍及整个行业超现实的仓库式购物的感觉。

春山男装零售店

设计公司：NENDO

春山服饰，品种多样，西服、衬衫、领带无所不有。本案空间虽为零售概念店，但考虑到过多的品种可能会使顾客无所适从，为避免客人产生"看遍天下繁锦，不知何处归从"的感觉，设计一反常规，将试衣间置于平面中央，试衣间正面墙体塑造成展示映像，以便于西装的陈列；柜台放置杂志、电视，让客人购物的同时，其陪同者也能得到别样的休闲享受；同时，另有搭配成对的分布，无形中创造出来的气氛，让客人对于所购买的商品有了一种先知的直观认识。

鉴于男士正装往往更多地用于办公场所，设计中借用空间灯光，打造成办公台灯的意象，同时，所用展架也设计成办公室格间的效果；海报以液晶显示；衬衫区成服务间模样；收银台如同接待台；"休息室、会议室"更有助于客人展开办公的想象。这样的空间布局，正是"春山"品牌理念的反映：工作是享受，享受也是工作。百叶窗依其角度，适时改变空间的颜色。不同的观看角度，有不同的色彩。同一个量体，却有百变的外观。

Willing婚纱店

设计公司：近境制作

设计师：唐忠汉

面积：1,500m²

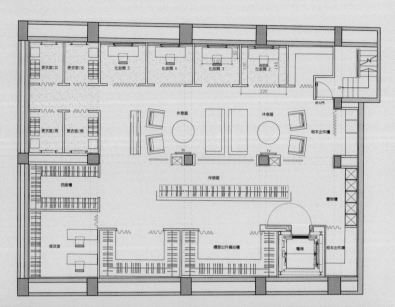

当我们准备进入空间语汇里，白色场域中垂直与水平的黑色铁件妆点了空间神圣的氛围。水平线空间轴线的延伸犹如红毯般一气呵成，银狐石墙比例切割与纯白进退墙面宛如婚纱裙摆的皱褶，逐层而上，映入眼帘的是空间场域的转换，犹如女孩的蜕变。大面茶镜的反射，辉映了新婚的喜悦。白纱错落在白色量体与玻璃隔间中，犹如女孩珠宝盒里珍藏的幸福。借由艺术品的点缀丰富了视觉范围，窗外的绿意、石皮造景，犹如来自大自然的祝福，创造了深浅有致，与众不同的视觉效果。

日本囍新婚礼服店

设计公司：Tao Thong Villa Co., Ltd.
and Process5 Design

面积：183.36m²

本案位于日本姬路车站及世界文化遗产"姬路城堡"主干道旁的一个小道上，店面空间内里环线设计，嵌以框架。

试衣间位于空间中央，接待区、等候区、服装展示区，围其而立。四面墙体采用镜面妆点，并以框架随机铺设，有些框架安以镜面，有些框架用作配饰展示。或以光圈开口，或安装灯具照明，或以门楣把手引领试衣空间。

惊喜连连的空间，验证着"喜服"的邂，是新娘的期待，是新娘的喜悦，是新娘作为新人在婚礼地位的烘托。

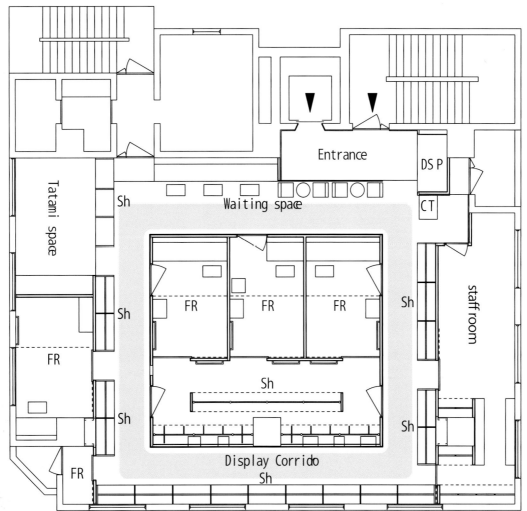

丝黛丽丝琼零售商店

设计公司：李赛德建筑设计（www. sidleearchitecture.com）

构造商：邵约

摄影：李赛德

面积：375 M.C.

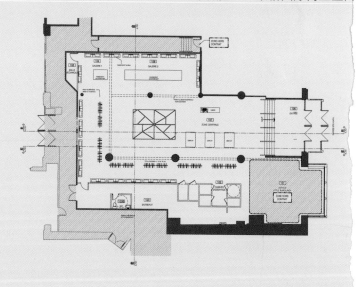

丝黛丽丝琼零售商店位于一个具有悠久历史的食品购物中心的入口处，右邻康卡迪亚大学蒙特利尔校区。精品店完美体现了不同城市景观、城镇多样文化的融合。本案简单灵活地体现了现代时尚，同时也述说着周边环境的历史与传统。

黑色陈列区域的近期产品按照市场需求无组织地运达。在整个商业空间的中心，明亮的白色吸引着人们对店内设计服装和配饰的显著组合的关注。

商店的入口通道经过改进，变成一个线形商业空间，低天花板悬挂于中间双层空间的开敞式平面布置上方。新的具审美趣味的分离工作室、设计部分时髦的二手精品，这个商店被设计成一个用不同帆布材料制作、具有世界元素的空间——字体、音乐和图画是这个空间的真正居民。

中心工作坊

中间的白色钢结构就像一个未完成的帐篷。松散而又强烈的照明控制着整个空间，为新品的到货展示和店内时尚娱乐表演服务。

墙面

黑色空间被创造性地构造成拥有不断演变设计的帆布制黑板，上面是当地艺术家为精品店创作的涂鸦。这样，艺术使得整个空间及其周边环境、空间里的各种元素都很好地统一。

空间原先的地板仍旧保持着，不同时代风格的地砖、一致油刷的空间局部，发挥重要作用，使人想起整个空间的历史。

出奇制胜
最新国际商业空间
家居卖场

PART 3

家居卖场

三羽建材南崁概念店

设计公司：无有建筑设计

摄影师：李国民

面积：52m²

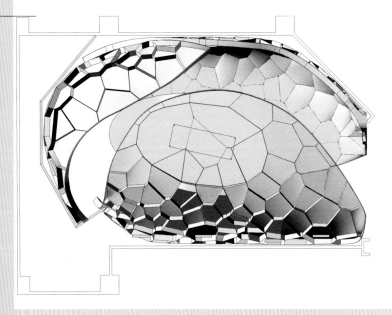

本案预计作为绿建材协会教育推广与绿建材展示之用，对无有建筑回到绿建筑的永续观念本质进行思考。所谓的3R+1L指标(Reuse、Recycle、Reduce、Low Emission)不应只是绿建材的选择标准，也指出一种更为善良的生活方式，同时，这也是心灵层面的自我提醒。

本设计元素分为几个部分；首先是外部蛋形羽翼包裹整个展场，形塑宇宙的浑圆；三片羽翼内藏三组交替明灭，暗示呼吸的灯光照明系统，取九之极数，同时其也是绿建材信息展示墙。第二部分是中心的椭圆核，其玻璃通透材质上顶天下立于地，为一切的起始中心，也是四周环绕能量的参考点，其机能是教育用的文化教室也是商用会议室。最后的部分是玻璃核心外圈的回字形建材展台，其与外部羽翼周围及内部椭圆核心，形体几何关系上是微微偏离交错的既以不同高度在三度空间中升降，成为空间旋转能量的摆动游丝。天地羽翼上的造型分割，是以计算机演算技术进行操作生成，模拟植物叶片光合作用的微妙有机形态，搭配上述明灭灯光系统，以呼吸调节并循环不息来回应本案绿建材的本质。

万物起于无生于有，动静相合上下相倚，循环不断，自强不息。阴与阳要相互调合才有生机，人也必须融入自然的体系，回归自然的一部分，以人类智识成为系统平衡的维持者而非破坏者，才能共荣共生。

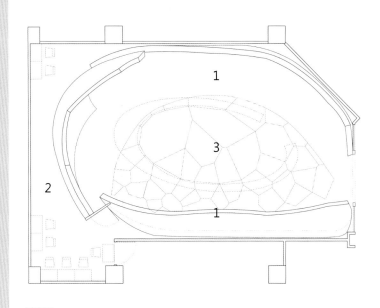

平面圖
1. 開放展場　2. 儲藏室+辦公室　3. 會議室

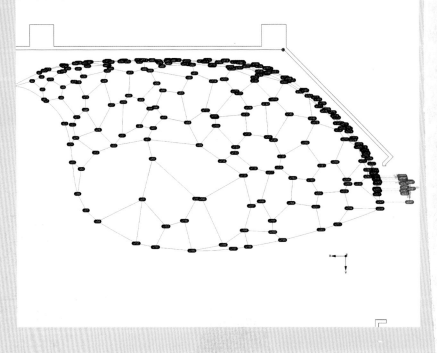

迪士尼展厅

设计公司：木码设计

设计师：林琮然

面积：278m²

2012年迪士尼顺应中国市场开发了成人的高端品牌家具，委托中国木码国际就品牌定位开发系列产品，并邀请了林琮然设计品牌展厅。

设计师基于品牌的历史并深入了解迪士尼的核心价值，让"漫时尚"的概念在展厅内完美地体现。林琮然说："迪士尼伴随着人们成长，在生命中许多片段都起了惊叹号!这里要重现一种由插画所组建的美好童真。"设计首先利用漫画的分镜方式去解读空间，用切面去打破单一面向的阅读观感。展厅的构成由一片片墙面所组成，以斜角切入展馆，直接而明快，并把一个完整的方形，割划出很多断面空间，并在外墙切面缝隙，藉由光线透露出内部的中心展区，以吸引来往的人们，试图模糊内外界线的分离，打破里外的既定观念，在看与被看间找寻出自由中的多重视野。因此动线布局的巧思，就是使用看似简单的方式，在展厅内呈现出更丰富的空间层次感。

空间划分成四个展示区域，区域内放入不同系列的家具，把握住温馨时尚的感觉，在人们观赏中有效呈现出不同的风格意念，利用浅色系列的配色，由斜切墙体区分出品牌系列产品，让展品隐藏在面与面的背后，宛如探索般去发掘每个人共同的童年回忆，同时加深景深，让人们更能以全方面的观点与展品互动，展厅如祥云般的黑白迪士尼草稿，在偌大空间内被解构成完整的铁石发光天花，用意在于重现那天马行空的灵光乍现!

"品牌价值"转化成空间，使人进入到展厅就深入到品牌的核心，这是一种未来与自然的设计方式。藉由诱导式的记忆手法让人在空间内游走，在满布插图的空间内体验产品，进而更加了解品牌的设计理念。人们可以融入每个对象背后的故事中，回到童话的初始，那就是存在彼此心中那最纯真的角落!

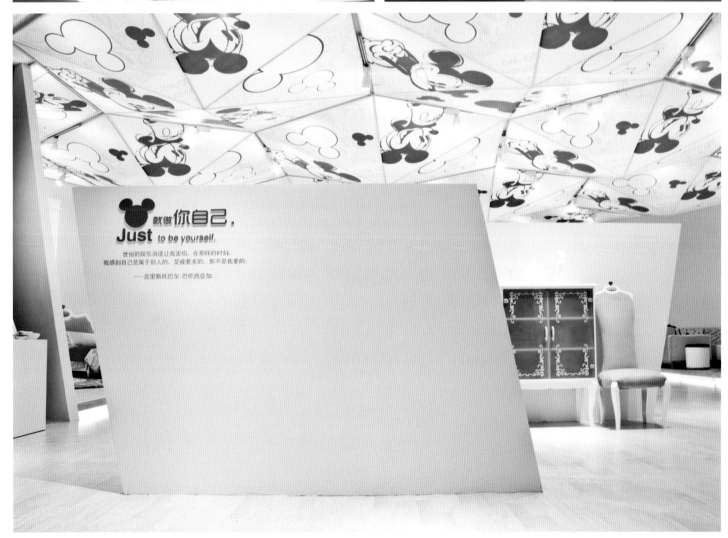

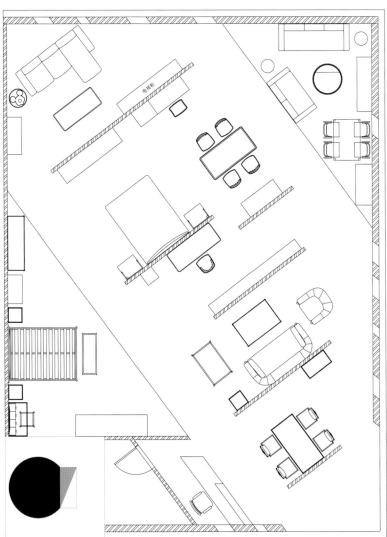

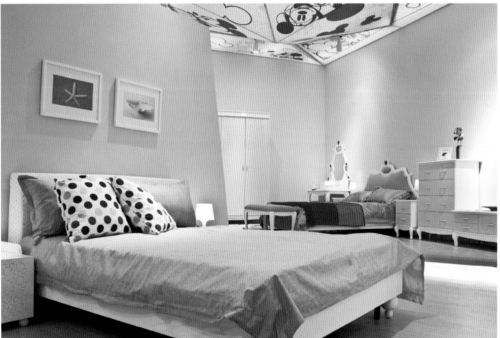

"瑞旅"阿姆斯特丹旗舰店

设计公司：阿米·费舍尔 德利米塔工作室

设计师：斯蒂芬舒德科

摄影师：史蒂夫何璐德（柏林）

面积：180m²

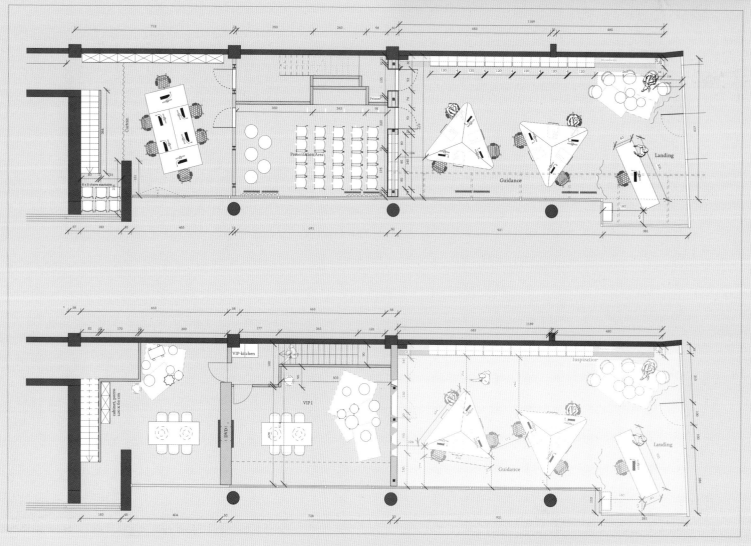

本案4.5米的超高空间，以臻于完善的设计境界、纯正的美学享受，打造与众不同的设计理念。

"货架"般的设计理念源于大尺寸的玻璃造型。12米长，4.5米高的陈列柜般的外表展现，模糊着内外的界限。"瑞旅"品牌的魅力，即便行色匆匆的路人，也无法为之错过。服务台、藤编柳条，饱含着温暖。丝丝的情调，源于异域。三角形的咨询台，是客人便捷的"绿色通道"，跨过拐角，抬脚即可实现，动线的设计原来也可这般富含人性。桌台上方，悬挂着两个大型的丝绸彩灯，是本案空间的眼，彰显夺目。另有单独的房间，足以容纳30人。更有两个贵宾室为本案旗舰店的别致特色，完全地展示着"瑞旅"品牌的精神内涵：旅行，也可以如此私人空间。

"瑞旅"日内瓦旗舰店

设计公司：阿米·费舍尔 德利米塔工作室
设计师：贝蒂娜 纽梅尔
摄影师：史蒂夫 何璐德（柏林）
面积：150m²

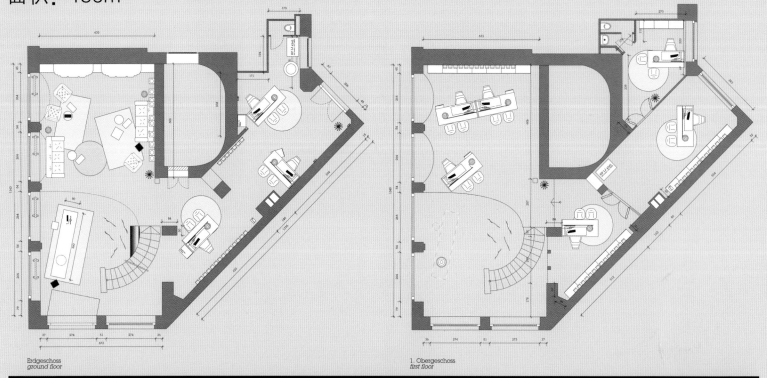

Erdgeschoss
ground floor

1. Obergeschoss
first floor

经典的建筑，自有贴切、雅致、优秀的室内设计。经典的本案空间，是用材，是手法，是语言的叠加，富有张力，但又不乏折衷的表现，非常经典。入口的楼梯，古色古香，但却极好地融入了本案空间的设计理念。药剂师专用的抽屉，同样古色古香，用作服务台的展示，是强调古典设计的手笔。古董地球仪，厚重的真皮沙发，延续着一贯的理念。咨询台整齐地排列着经典，弹性化的设计，可以适时改变。空间的设置、家具的铺陈，任由客户、工作人员沟通。休息区，可以综合地利用，是舒适的所在，也可以见证着各种事件的发生。

"瑞旅"卢加诺旗舰店

设计公司：阿米·费舍尔 德利米塔工作室
设计师：卡罗琳 弗洛赫
摄影师：史蒂夫 何璐德（柏林）
面积：155m²

"瑞旅"卢加诺旗舰店的设计理念，自有"瑞旅"独家的设计语言，来自东方的元素，点亮空间华丽的灯。

入口服务台，白蜡木、摩尔瓷砖同心塑造着简洁与经典。瓷砖蔓延在地板，铺排着一地的清爽，延续着入口玄关的简洁。内里空间，东方的神韵与"瑞旅"的清爽、现代的图像和谐共生。洽谈区，摩洛哥茶几，是北非的古色古香。印度仿古门，开启简洁空间的钥匙。抬升两阶的室内空间，门户却依然保留着旧时的金属配件。抬脚登阶之间，另一个维度的空间立即展现。

"瑞旅"苏黎世旗舰店

设计公司: 阿米·费舍尔 德利米塔工作室

设计师: 贝蒂娜 纽梅尔

摄影师: 史蒂夫 何璐德(柏林),布雷
亨马赫&鲍曼(奥格斯堡)

面积: 190m^2

对于一个建于1900年的建筑而言,着实无力承担起容纳"旅行社"的空间。"瑞旅"苏黎世旗舰店,分上下两层空间。下层40平方米,上层150平方米。不同的空间,不同的设计。礼宾台位于下层,亲切地招呼、引领客人步入楼上空间。摆有宣传单的展架、旅游线路报价板、网络导视,适时出现,让客人对于旅行的报价有个初步的了解。柜台,是典型的"瑞旅"品牌价值展现。 20盏吊灯,彰显着"世界之光"的旅游主题。

上层空间,设有一个等候区和9个工作区。此处服务台的设计,外观感觉延续着服务台的理念,但风格端庄、别致,更加清晰。精心的空间设计,由洽谈区提供着灵感,为等候时间的缩短创造着条件。富有特色的"箱体概念"设计,书香阵阵,书本、旅游指南、明信片及日常用品应有尽有。

Ankommen und die Freiheit auspacken
Vor der Tür ein bisschen in die Sonne blinzeln
Glückliche Weite in der Brust
beim ersten Kaffee an der Bar
Die sanften Träume von Zikaden
Vom leisen Wind fächeln lassen
und nur Schönes denken

山川竹藤零售店

设计公司：Sidhart Architect
地点：雅加达，印度尼西亚
面积：141m^2

本案空间，体现了一种艺术的气韵。一楼的设计，有画廊般的质感。墙体两面亚克力的平台造型，是展品专用的舞台。亚克力盒子，白色的钢边，任由传送体系自成旋转，满足着客人多角度的欣赏。背后，原宿的街景；眼前，产品的舞动。静、动之间，实现着内外空间的衔接。接待区另有梯台可直入二楼空间。二楼空间，客、餐厅般的设计，界定分明；后区为办公空间，夹层为休息区。空间的木质温润，使客人的神经放松，让客人的脚步停留。无形中，客人与展品成了空间的主角，在简洁的空间中、自然的外表里，悄悄地进行着心灵之间的对话。三楼为食品、饮料区，摆放着各式各样的餐用桌椅。朴素的用材，如水泥地板、裸露砖、预制混凝土，木材，自然不是空间的主角，但却创造着一个纯粹的氛围。纯粹的氛围中，主角当然是其中的展品。

递展国际家居连锁CATTELAN

设计公司：萧氏设计

设计师：萧爱彬、萧爱华

设计公司：萧氏设计

设计师：萧爱彬、萧爱华

设计师以家居功能区的划分为设计基点进行展开，在开放式的格局内，分别设置餐厅、客厅、卧室、书房等展示区。着眼于如此宽敞的展示空间，设计师又以意大利高端品牌CATTELAN全球展示厅里惯用的黑、白、灰等三种色彩作为描绘元素，刻画纯粹而干净的空间表情，展示出现代品质家具的时尚面貌。身处其中，一种简约的舒适感从四面八方席卷而来，顺势带出了冷峻的个性风采。

细致观察，不难发现空间中所有家具的设计感极强，上乘的材质加上精致的做工，打磨出功能全面的现代家具，一扫人们对前卫家具好看不实用的误解。地坪设计不改以往，依然铺以石材元素，纯白之中又见光滑亮丽，如同一面镜子，更显家具展品的纯洁与高贵。除此之外，万万不能忽略那独特的天花造型，犹如色块一般，一块接着一块，连同白雅的灯光反射到地面，光影同在，像是拼接的地图，生动撩人，活跃了卖场的现场气氛。

递展国际家居连锁ELLEDUE

设计公司：萧氏设计
设计师：萧爱彬、萧爱华

ELLEDUE，是意大利近百年的企业，落户于上海虹桥吉盛伟邦1楼，是递展国际家居连锁的一个奢侈品牌家具。面对此次展场设计，设计师因得悉于ELLEDUE生产的家具产品以完全手工为主，又追求极致细腻致密，因此在设计的过程中将以新古典主义的设计手法为主，在现代的时尚生活中融入欧式时尚古典家具元素，塑造一个典雅而富有艺术底蕴的居家空间。

展场在外观上以先声夺人之势赢得消费者的注意力，靛蓝色的方锥造型塑造的外墙面，木质的门框与门板，空间内部晶莹剔透的水晶灯光，无疑给人眼前一亮的新鲜感。

走进卖场，因为该品牌本身追求一种时尚、奢华的气度，为了追随与其理念的和谐统一，设计师在设计上将怀古的浪漫情怀与现代人对生活的需求相结合，从简单到繁复，从整体到局部进行精雕细琢，让人感受到强烈的华贵典雅气息与文化底蕴。开放式的格局多使用石材地面，有利于冲淡木材家具所带来的厚重感，营造一个舒适明亮的空间氛围。同时，规划像九宫格又像井字纹的天花，伴随着点点星光的洗礼，使得点线面结合的设计手法浮出水面，在开放的空间里由黑白纵横交错的天花线条自述多元的场域表情。

相比硬装的简洁明朗，在后期的软装上，设计师则把彰显欧式时尚古典的家具元素搬进其中。所有家具饰品、金属器皿，式样精炼、简朴、雅致，做工极其考究，突出了极端强烈的装饰性。以卧室为例，香槟色的衍梁之下饰以淡紫色的轻纱帷幔作为与书房的过渡，飘逸通透质感的背后却是塑造隔而不断的奇妙效果。黑色的书桌，以银箔修饰桌腿，精雕细刻繁复的图腾轮廓，配合同为银漆修身的靠椅，可谓是经典中的经典，予人以高雅圣洁的视觉享受。壁画是丰富空间表情必不可少的装饰元素，或彩绘或素描，起到了画龙点睛的作用。除了书房以外，亦运用于工作室等场域。

东京HermanMiller门店

设计公司：特拉芙建筑师事务所

摄影师：浩一，永吉佐久，长野

面积：197.93 m²

HermanMiller世界第一门店设计牢记大众对象，旨在品牌推广，增强群众对于著名产品设计师"乔治·纳尔逊、查尔斯、蕾·伊默斯"作品的印象。

空间位于东京丸之内街区。设计师对环境充分利用，塑造如公园般的轻松气氛。地板用材不一，彰显野餐露营的映像。其色彩、图案如同露营的周边环境，激发起客户对物品使用的想象。家具铺陈及地板的混搭与匹配，如同样本一样展开在空间，为客人提供崭新的视角。可以移动的家具是布局的弹性，必要的时候，空间可以用作舞台及研讨会时使用。

原有的量体外表，阳刚十足，铝质的框架，如树冠般遮掩着建筑，同时为空间增添了丝丝柔美的气息。曲面的铝格，是自然光线的通道，也是空间丰富表情的体现。

不同方向张开的鳍状，缝隙间显露着品牌的概念，与设计师相互协作而就的图形，伴随着中央的树形，鳍状的造型间隔着内里空间，踱步其中，如同在公园漫步。

公园里，人来人往。商店里，客来客往。平面的布局、弹性的设计、永远耳目一新的映像，HermanMiller品牌的底蕴，尽在本案旗舰店空间。

Eventually everything connects—people, ideas, objects... the quality of the connections is the key to quality per se.
Charles Eames
Ray Eames

出奇制胜
最新国际商业空间
其它卖场

PART 4

其它卖场

香港华锋实业E路航展厅

设计师：王五平
面积：230 m²

本案设计的是由何炅代言的知名品牌E路航产品展厅，地址位于深圳南山区科技园内，由于是公司里面的展厅，前台两边设计了两个开放式接待展示区，主要是展示公司最新、最核心的产品，同时也为接待客户时，能让客户第一时间接触到公司最新的产品资讯。

另外在办公室里面还设计有一个多功能展厅，中柜位置并设计了一个吧台，不经意间就给展厅增添了一些休闲的氛围，旁边有一个产品体验机，让客户感觉到产品的模拟实际效果。

在功能和形体上，前台两侧的接待展厅区，则完全是公司形象的展示，中间的白色弧形软膜造型灯下，有一个相呼应的精致圆形展柜。里面的展厅，两侧的展柜设计成异形，极有动感。另外，中岛柜上方顶和展柜运用了产品logo形象色，很自然地把产品的文化理念体现了出来。

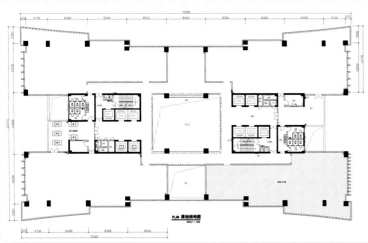

"巧克力"西饼屋

设计公司：Savvy Studio
地点：墨西哥，新莱昂州

本案空间用于西点制作，几年间，其业务量巨增。门店成功的背后，是其品牌、产品的差异化。

空间的设计理念源于其原有主打产品"巧克力"，重新定位于新增糕点及特色制作，从而进一步满足客户要求。空间设计彰显其新增品种，同时又不使客户对其原有主打产品"巧克力"产生视觉上的模糊。

明亮的色彩是各种元素。甜甜的节日般的色调可谓是一石二鸟，是对本案空间身份的烘托，也是对其所生产的产品的介绍。

当品牌得到重新塑造，身份认同得以在视觉上实现，包装与室内设计融为一体，一个温润的烘培空间，必定以款款的深情走到您的面前。

美尼康眼镜店

设计公司：特拉夫建筑师事务所

摄影师：裕平井

面积：32.6 m²

本案为旗舰店，位于东京表参道。其设计以美尼康新式隐形眼镜的MAGIC(魔术)为特色。该眼镜据说厚度为世界最薄，仅仅只有一毫米。空间正中一堵棱纹展示墙，任何位置都可容纳美尼康隐形眼镜的镜片。该墙面依空间四处游走，收放自如，时而膨胀，时而紧缩。纯白的色系，烘托展示着内里的陈设。展示墙还展示有MAGIC的专用包装，整个空间如同一个面向街面的展示空间。不经意间，天花处除了深藏的灯具，还潜伏着一些阴影造型及绿植。在不规则的展示墙面的衬托下，整个空间有了一种上下置换之感。

展示般的空间，是新颖，是色系的放大，是五彩的斑斓。

雷克萨斯马尼拉展厅

客户：TOYOTA MOTOR ASIA PACIFIC PET LTD

设计公司：株式会社乃村工藝社

设计师：平田裕二

摄影师：铃木贤一

面积：7 460 m²

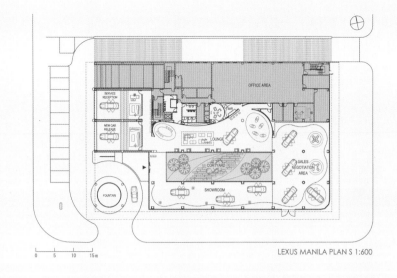

LEXUS MANILA PLAN S 1:600

雷克萨斯，汽车知名品牌，本案的空间设计，一如其品牌理念，尽情展示：美丽、活力、环保、高品质。

量体设计，雕塑质感，动感形式，无标牌的借助，以水景、以绿植，尽展雷克萨斯的品牌魅力。

空间布局以绿院为中心，陈列室、洽谈区、休息室依次排开，自然引导公共区及私人区的界定。绿油油的庭院，是汽车的衬托，成就着雷克萨斯本身的风景。陈列室周边可移动的屏风设计参考了传统日本纸糊拉窗，光线透过屏风，满满一地金黄。如此别致的造型，不仅激发室外客人入内一观的兴趣，还在室内为客人提供了舒适的观赏环境。所有家具、铺陈专为陈列室定制设计。

如此静态，却赋予客人强烈的空间感；有如功能设计，便于客商之间的沟通、洽谈。雷克萨斯的概念，由展厅得以全面展现。

NIKON PLAZA Osaka

客户：尼康 株式会社

设计公司：株式会社乃村工藝社

设计师：田村启宇

摄影师：铃木贤一

面积：1 200 m^2

本案空间是尼康产品的综合展示，内设陈列室、专业画廊以及服务中心。鉴于尼康理念"想像源于沟通"，空间设置重在以刺激客人五官感受为重点，以艺术感受产品功能为中心，同时尽展尼康品牌理念。办公场所的空间，是本案设计无法逾越的外在条件。但是，顺应于天花而用的灯光设计，并光洁饰面，巧妙地化劣为优，实现着本案设计的目的。

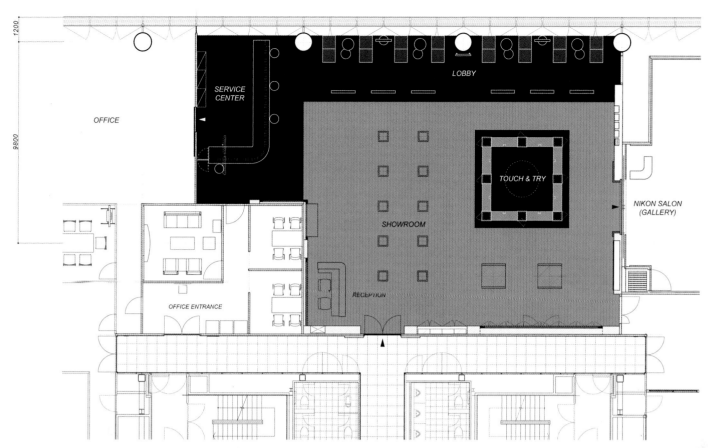

第40届东京国际车展雷克萨斯展厅

客户：Toyota Motor Corporation

代理商：株式会社 电通

设计公司：株式会社乃村工藝社

设计师：田村启宇

摄影师：铃木贤一

面积：1 200 m²

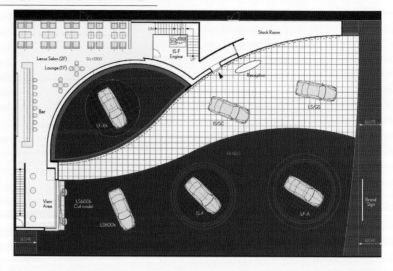

东京国际车展雷克萨斯展厅晶莹水晶元素的外围包裹，打造着一个纯净、高品质的空间气氛。材质的通明、精工的手法，塑造着原生的感觉：冰清玉洁的质感，精妙的时间衡量。细思量，是雷克萨斯精与致的象征。

水晶外围的变化依观者行动或距离而变，不仅体现了雷克萨斯的未来定位及品牌的延续，还实现了人车一体的和谐，充分展现超越既存价值的高级感与心动感。转台的设计，如临场般的音效体验、醇厚光照的温润，都体现了雷克萨斯新品牌的情感魅力和风雅的世界观。

切尔西·杨画廊

设计公司：CAA希岸联合

设计师：刘昊威 、崔鹤苒、吕博

面积：550m²

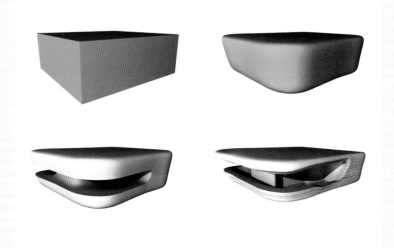

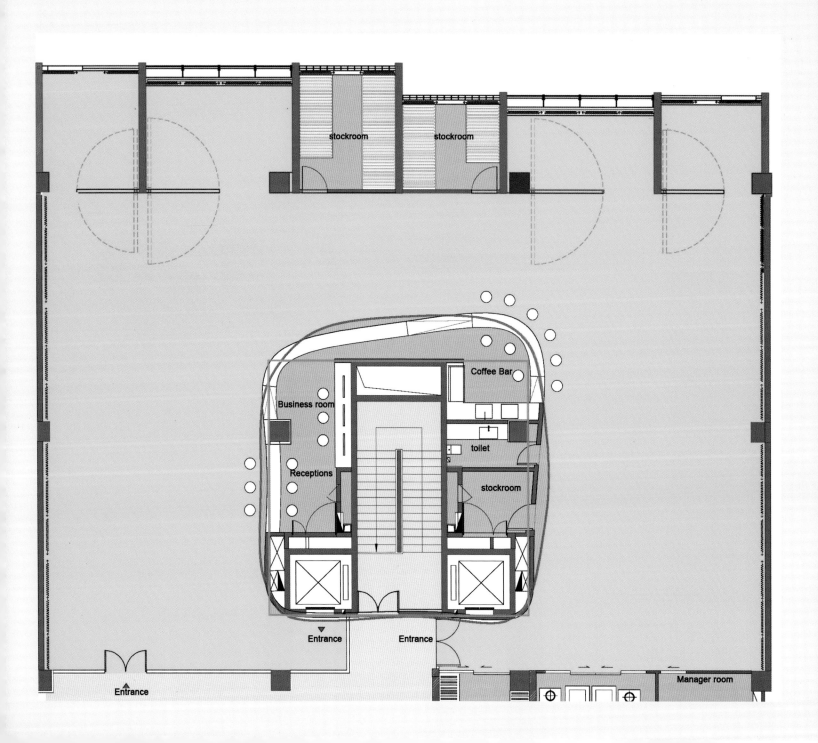

建筑师总希望人们记住他的设计，有时候这种愿望会成为设计的包袱。我们在做切尔西·杨画廊的设计时更希望人们忘记建筑、忘记设计，建筑成为隐去的背景，只留下艺术品被完整呈现。展示空间通透、统一而纯粹，中央的白色体块将画廊各种使用功能整合在一起，几乎不需要任何标识的引导和说明，接待、咖啡、办公……让人一目了然。流线造型的概念来自正在融化的冰块，设计通过这种方式削弱了植入体量的突兀感，使其与整个空间的关系更为和谐。层层向内微曲的弧度，控制了视觉元素的节奏，节制地拨动着人们的视觉神经。这个相当大且内容丰富的体量就这样在人们欣赏艺术品的时候安静淡出。在概念设计——方案成型——施工图绘制——工程管理实施的全部过程中，CAA的各个组团将这一理念贯彻到了每一个细节。

切尔西·杨画廊力求还原最单纯的空间，在这里，人们的活动、情绪和意识会更加无拘无束地释放。画廊里面看似空无一物，实则充满了无声、无色、无味的记忆，满足、融合与平静。在这里，人们其实是被自己原有的感知再次打动，或者说是唤醒了曾经的自己，而建筑只是提供了种种可能发生的平台，如一块纯白的幕布。

无锡时尚造型

设计公司：CAA希岸联合

设计师：刘昊威、宋晨、金竞超、
　　　　张凡伟、曲靖

面积：400m²

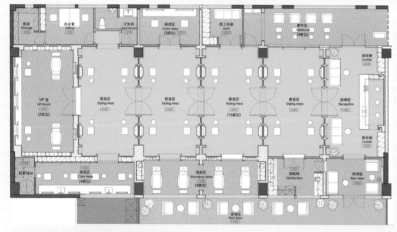

本项目位于中国江南城市无锡，是一个时尚又有高品位的发型中心。设计在空间规划上营造出宫廷仪式感的纯正交式布局。借用地基原结构柱，在空间的中轴线上设计出复制的"拱门"，依靠"门"的特性，把接待区至发型区再到VIP等主体空间，依照空间轴对称的严格规划依次排列并贯穿一体，从开放到私密的空间属性，层层递进，其它附属空间也遵照这一逻辑关系向两边对称排列。这些"门"作为空间中的主题元素既衍生出独立、尊享的发型镜台；又衍变成虚实相映的玻璃格子"窗"，将各层空间分离又连接起来。

材质运用白色混柚和橡木实木搓色两种木作方式"混搭"在一起；细节上也将欧式传统角线进行设计重构、衍生；这些都表达出对欧式"新古典"主义经典在当代演绎的设计诉求。

整体来说，此项目设计是对中式和西式传统空间的那种低调奢华情怀的阐释；是对东方和西方的"经典"空间的追忆，追求人性怀旧情结普遍性的表达。当这种历史经典的文化性与时尚的现代表现面貌高度融合而呈现出不一样的细腻高雅气质之后，相信同样会带给身处其中的顾客非一般的消费体验。

大阪发廊

设计师：福田康夫今津、ninkipen
摄影师：弘树川田
面积：219.5m²

本案空间位于日本大阪，用作发廊。空间一株发财树高达3米，周围饰以镜材，并呈漩涡形状。漩涡周围另有镜材、植物，属性不相搭界的两种物质，却创造着一个静谧的去处。绿意映眼，虚实相交，发廊竟然也有如此般的意境。

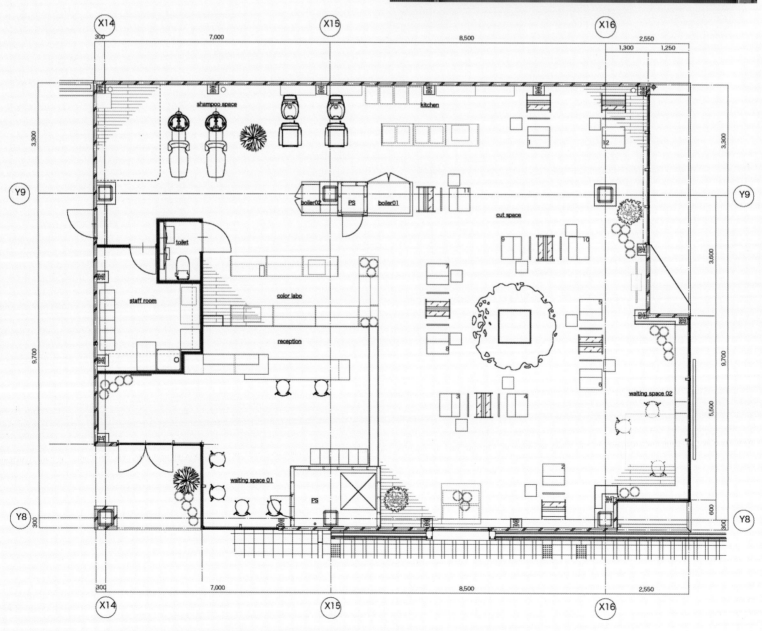

澳门银河娱乐场贵宾博彩室

设计公司：斯蒂尔曼合作设计

澳门银河娱乐场贵宾博彩室，14万平方英尺，内设包房、休息室，气氛优雅，彰显客人尊贵。迷人的内饰、量身定制的架构、和谐的灯光组合，是精英人士体验博彩必不可少的元素。

空间设计理念源于中国古典园林。如画的空间是诗意、是平和；大面积的马赛克铺陈是园林绿植的映象，是长寿、是尊贵、是财富的象征。黑色的木质基调，升华着内里的对称格局，秀美的空间、柔美的图案纹理无形中有了一种阳刚。华丽的过度空间、如诗般的花园、极具美感的水景，提升着空间静谧的指数。

图书在版编目（CIP）数据

出奇制胜：最新国际商业空间 / 马勇，黄滢编著. ——
长沙：湖南美术出版社，2012.10
　　ISBN 978-7-5356-5769-5

Ⅰ.①出… Ⅱ.①马… ②黄… Ⅲ.①商业建筑－室
内装饰设计－作品集－世界 Ⅳ.①TU247

中国版本图书馆CIP数据核字(2012)第240639号

出奇制胜——最新国际商业空间

出　版　人：李小山
策　　　划：欧朋文化　唐艺设计资讯集团有限公司
编　　　著：黄　滢　马　勇
责任编辑：范　琳
流程指导：陈　玲
策划指导：高雪梅
文字整理：张锦婵
翻　　　译：张　恩
装帧设计：PAN　彭福秀
出版发行：湖南美术出版社
　　　　　（长沙市东二环一段622号）
经　　　销：新华书店
印　　　刷：利丰雅高印刷（深圳）有限公司
开　　　本：1016×1270　1/16
印　　　张：21.75
版　　　次：2012 年10月第1 版　2012 年10月第1 次印刷
书　　　号：ISBN 978-7-5356-5769-5
定　　　价：320.00 元

邮购联系：020-32069500　　邮　编：510630
网　　　址：www.tangart.net
电子邮箱：info@tangart.net
如有倒装、破损、少页等印装质量问题，请与印刷厂联系调换。
联系电话：0755-26645100